L'auteur est savant & respecté
Monsieur Caperonnier en lui
rappellant les Remontrances
de Belon 1568. [signature]

MÉMOIRES

SUR LA TOPOGRAPHIE

ET

L'HISTOIRE NATURELLE,

Extraits du Cours de l'École centrale du Département de l'Isère ;

SUIVIS

D'Observations statistiques sur la Nature des montagnes ; — Sur les Animaux et les Plantes microscopiques ;
Sur le Sang, et sur la Fibrine ;

ET D'UN III.ᵉ MÉMOIRE

Sur une Fièvre épidémique qui affligea la commune de Beaurepaire, en l'an 10 et en l'an 11 ;

Par D. Villars, Médecin, Professeur d'Histoire naturelle, correspondant de l'Institut, de la Société de Médecine, &c.

> Enfans de la terre, nous dépendons du sol, nous jouissons de ses produits, et l'étude de la nature est devenue un besoin général.
> *Rosin, minéralog. de la Belgique, p.* 1.

A LYON,

Chez Reymann et C.ⁿⁱᵉ, libraires, rue Saint-Dominique ;

Et à PARIS, chez Brunot, Libraire, rue Grenelle-Saint-Honoré, n.° 13.

AN XII.

Au Citoyen FOURCROY,

CONSEILLER D'ÉTAT,

Membre de l'Institut national , chargé de la Direction de l'Instruction publique , Professeur de Chimie au Muséum et aux Écoles de Médecine, &c.

Citoyen,

La confiance publique et celle du Gouvernement vous appelaient à la place qui vous est confiée, pour le progrès des sciences et pour régulariser la chimie moderne en corps de doctrine. La supériorité de vos talens , fruit de longues études et de profondes méditations, imposa silence à l'inquiète médiocrité; l'aménité de votre caractère vous assura l'estime des savans et l'amitié de vos collègues; si l'interprétation des phénomènes de la nature ne vous permit pas toujours d'être du même avis, l'estime n'en fut pas moins réciproque. Votre vie laborieuse suffit à d'immenses travaux, puisse-t-elle se prolonger! c'est le vœu des amis des sciences, qui sont aussi les vôtres. Le tourbillon de Paris ne vous fit jamais oublier les encouragemens paternels que le Gouvernement doit aux départemens éloignés; celui de l'Isère en éprouve les douces influences; je vous devais ce témoignage public de mon estime et de ma reconnaissance; si vous daignez accorder votre suffrage à mes travaux, ils deviendront utiles.

Salut et respect.

VILLARS.

APPERÇU SUR CET OUVRAGE.

Un Gouvernement juste et réparateur recueille des matériaux de tous les départemens, pour connaître la statistique de la France. Dans cette circonstance, j'ai pensé que l'extrait des cahiers d'une école centrale, qui a eu quelques succès pendant la durée de ces établissemens, depuis l'an 5, pourraient être utiles. Ils renferment des apperçus sur la manière d'enseigner l'histoire naturelle à des jeunes gens, ainsi que sur la structure très-curieuse des montagnes de la chaîne des Alpes. J'y ai ajouté des observations particulières de géologie, de zoologie et de botanique, appliquées aux productions de ce département. Elles pourront faire naître le désir de mieux faire, et encourager les voyageurs à parcourir un pays intéressant par ses sites et par ses productions.

Les observations microscopiques sont le complément des sciences naturelles, comme les infiniment petits pour les mathématiques. Le commencement du dix-huitième siècle vit naître les infiniment petits; Newton, Leybnitz et Lhopital, ont eu vers sa fin les Muller, les Gœrtner, les Hedwig, les Spallanzani, etc., pour successeurs. L'analyse des sciences mathématiques, ne pouvait s'appliquer à la composition des êtres vivans : j'ai tenté de leur appliquer la synthèse. J'ai suivi de très-près l'organisation des plantes microscopiques et celle des animaux les plus simples. Leur examen m'a conduit à celui des globules du sang, à la formation de la fibrine qui n'était connue jusqu'ici que sous le nom de membrane de Ruisch, mais que l'on soupçonnait avoir de l'analogie avec les fibres musculaires. Ces observations curieuses et délicates, en me faisant craindre de m'être trompé, me font désirer ardemment de les voir répéter par des mains plus habiles. Il est étonnant combien la nature prend de précautions pour préparer nos organes ainsi que les fluides qui doivent les parcourir, les nourrir, les vivifier et s'identifier avec eux: mais on ne saurait croire combien d'obstacles elle nous oppose, lorsqu'il s'agit de hâter, de retarder ou de varier ses opérations. Pen-

dant que l'observateur fixe le sang dans ses
propres vaisseaux , il est fugitif, il lui échappe
ou il est enseveli dans les ténèbres. A l'air ,
il s'évapore, se colore, rougit à sa surface
et noircit en dessous. L'air qui le frappe se
décompose aussi à son tour , puisque l'oxigène l'anime , lui donne une belle couleur
ponceau ; tandis que l'azote s'y combine ,
enchaîne ses globules , les change en fibrine.
La fibrine, à son tour , espèce de feutre élastique , plus fort dans le sang du bœuf et dans
le sang des adultes, que dans celui des jeunes
animaux , donne en effet à l'analyse chymique
les mêmes résultats que la fibre musculaire.

Mais la synthèse microscopique avait besoin d'être simplifiée en dégageant les ins-
trumens , des formules trop savantes et de
la routine trop aveugle , pour être à la portée
du commun des observateurs. J'ai donc eu
recours aux microscopes de Dollond et de
Lyonet , aux travaux inappréciables de
Muller et de Spallanzani, afin de passer de
suite et tour-à-tour de la pratique à la théorie
et de la théorie à la pratique.

A ces faibles essais, qui présentent quelques attraits par leur nouveauté, j'ai fait succéder un sujet plus grave, plus triste, plus pénible, mais plus' utile peut-être. J'ai joint un rapport fait au premier Magistrat de ce Département, sur une fièvre épidémique qui affligea la commune de Beaurepaire en l'an 10 et l'an 11.

Tels sont les agrémens des sciences naturelles; elles sont utiles à l'art de guérir, à l'agriculture, aux beaux arts, aux sciences exactes, pour commencer à perfectionner l'éducation. Lors même que des occupations plus sérieuses ou plus pressantes nous forcent de les abandonner, les sciences naturelles viennent se placer d'elles-mêmes pour remplir des momens de loisir, d'agrément et d'utilité. L'épidémie de Beaurepaire en a offert la preuve ; et sous ce rapport, le mémoire qui la concerne a pu se lier et faire suite à ceux qui précèdent.

MÉMOIRE

SUR L'HISTOIRE NATURELLE.

L'ÉCOLE centrale de l'Isère fut confiée à des professeurs aussi unis par leur caractère que par le but de leurs travaux et de leur institution. Les nombreux élèves sortis de cette école, leurs progrès, leurs succès, l'admission de plusieurs d'entr'eux à l'école polytechnique, les témoignages de confiance toujours croissans de la part des autorités constituées, de celle des parens et des élèves, en offrent la preuve ; telles sont les marques d'encouragement qu'ils ont obtenu. Ils se sont apperçus cependant du vuide que la loi avait laissé à cette institution : il leur manquait un centre de ralliement et de surveillance, un président. un censeur légal, actif et permanent , qu'ils cherchèrent envain. Leurs réunions, leurs assemblees, présidées

A

par le respectable doyen Dubois-Fontenelle, remplissait ce vuide pour eux, mais non pour les élèves des différentes classes. Le jury, composé d'hommes respectables sans contredit, par leurs mœurs et par leurs lumières, ne les surveillait pas, par cela même que la confiance était générale et réciproque. Cette école, d'ailleurs, manquait de pensionnat, comme de supérieur, de chef. Des réglemens faits par le Préfet avaient fixé les heures et le jour de chaque cours ; mais pour le mode, pour la teneur, pour la méthode comme pour la discipline, chaque professeur était absolument le maître dans la classe qui lui était confiée.

L'établissement des Lycées.

Un Gouvernement sage, plein de vigueur et de pénétration, qui sait mettre à profit l'essor des talens, l'expérience des siècles, celle des nations les plus éclairées, et jusques à l'explosion du génie révolutionnaire, est venu réparer ce vuide en instituant les lycées. Le réglement prescrit l'enseignement des sciences naturelles, les élémens de la physique et de la minéralogie avec la géométrie.

Il appartient à un Gouvernement, fort de sa puissance comme de la confiance entière d'une grande nation, de créer de bonnes institutions, dans lesquelles les mœurs, les talens et les hommes viendront se mouler et puiser leur caractère comme à leur source. Mais la loi ne peut former instantanément des professeurs géomètres qui possédent en même tems les élémens des sciences naturelles. Je ne crois pas même qu'il en existe beaucoup hors de Paris. Croire que les élémens sont faciles pour celui qui n'a pas approfondi la science, ce serait créer une théorie sans expérience, tandis qu'en toutes choses elle en est le résultat, ou elle est nulle, erronée et dangereuse.

Le réglement des lycées place la minéralogie après les élémens des sciences naturelles et dans une classe plus avancée. Les savans qui l'ont rédigé, pénétrés de leur sujet et de la connexion intime de la minéralogie avec la chimie, ont voulu sans doute les rapprocher, parce que ces deux sciences

4

sont inséparables et s'éclairent mutuellement.
Il m'avait paru plus convenable de donner
aux élèves une idée de géologie, de
leur parler d'abord de la terre, de son double
mouvement, des terres primitives, des autres élémens ou substances indécomposables
les plus communes; enfin, de fixer de bonne
heure leur esprit et leur jugement par des
notions fondamentales qu'ils ne devront jamais
oublier.

C'est pour rendre compte de ma méthode,
pour ajouter s'il est possible ma faible expérience, trente ans de voyages et d'enseignement à tant de vastes lumières déjà acquises,
que j'offre au public le tableau de la marche
que j'ai suivie. J'écris dans un département
riche en productions naturelles, mais éloigné
du foyer des lumières autant que je le suis
des grands hommes qui honorent la nation
et qui font époque dans les sciences. Si mes
efforts étaient inutiles, ma bonne volonté
devrait encore m'obtenir leur indulgence.

Les sciences naturelles étaient ma tâche;
les fertiles campagnes qui entourent Grenoble, les vastes montagnes et les torrens

qui l'avoisinent, l'industrie de ses habitans, leur goût, les plus heureuses dispositions pour l'étude et l'aménité de caractère propre aux Grenoblois, soutenaient mon zèle, suppléaient à la faiblesse de mes moyens.

Une jeunesse de douze à quatorze ans m'était confiée; il fallait étaler à son impatiente curiosité des pierres, des terres, des sels, des minéraux, des animaux et des plantes. C'est déjà un projet hardi que d'oser ouvrir une si vaste carrière, un si vaste plan aux yeux des jeunes gens de cet âge. Des connaissances et du goût ne suffisaient pas, il fallait encore savoir enseigner; car savoir pour soi-même et le communiquer, sont deux choses bien différentes. J'étais d'ailleurs médiocrement instruit en minéralogie : mes voyages avec MM. Guettard, Faujas, Saussure, Dolomieu, etc., m'avaient donné une idée de géologie et de lithologie. Mais il n'existait ni méthode, ni plan, ni livres vraiment classiques. J'avais sous la main ceux de Cotte, de Millin, de Wallerius, de Werner, de Struve, de Daubenton, etc., Linné et son savant éditeur Gmelin, La-

peyrouse, Cuvier, Fourcroy, etc., étaient
là pour me soutenir comme pour résoudre
les doutes des élèves toujours questionneurs.
Il fallait faire étudier, promener les jeunes
gens ; il fallait les exercer par une méthode
locale et mise à leur portée.

Je pris donc le parti d'écrire des cahiers :
le savant et philantrope ministre, le séna-
teur François de Neufchâteau, nous les
avait fortement conseillés en l'an 5. Je fis
plus, désespérant à cet âge de pouvoir graver
dans des mémoires aussi tendres, les élémens de sciences aussi étendues, puisqu'elles
embrassent les trois règnes de la nature,
je dictai mes cahiers à mes élèves à chaque leçon pendant demie - heure ou trois
quarts - d'heure. Je leur expliquais ensuite
pendant une heure ce qu'ils venaient d'é-
crire. Je mettais souvent sous leurs yeux
des morceaux choisis pour chaque leçon :
j'avais recours au riche cabinet d'histoire
naturelle de Grenoble, qui se trouvait dans
les bâtimens de l'école centrale. Le jeudi
ou le dimanche de chaque semaine j'accom-
pagnais mes élèves le long du Drac, qui

n'est qu'à un kilomètre, longeant la plaine,
le long d'une belle chaussée de deux myriamètres, et du midi au N. O. de la ville.

Comme la zoologie exige quelques dissec-
tions, je la traitais pendant l'hiver, en plu-
viôse, ventôse et germinal.

En floréal je commençais les pré-leçons
de botanique, et je donnais aussi des cahiers.
En prairial commençaient les démonstrations
au jardin de botanique, trois fois la semaine.
Les autres jours étaient consacrés à des ex-
cursions de botanique, à des herborisations
ou promenades champêtres autour de Grenoble. En thermidor et messidor les courses
devenaient moins fréquentes, mais elles se
prolongeaient à une journée et plus, tantôt
à la Grande-Chartreuse au nord; tantôt parmi
les montagnes de Gresse et de Sassenage,
également calcaires au S. O., et en-delà du
Drac : ensuite à la Motte, où se trouvent
des eaux thermales, de riches filons de
houille, des plantes rares, des gneiss, des
schistes micacés, des montagnes granitiques
riches en filons et en accidens minéralogi-
ques.

A 4

3

Alvar, pays riche en plantes, en mines
de fer et d'acier, n'est qu'à trois myriamètres de Grenoble. La chaîne des Alpes, qui
se prolonge jusqu'à Vizille, est remplie de
mines, de plantes rares, et n'est qu'à demi-
journée de Grenoble. L'Oisans et Allemont
se trouvent au-delà de cette chaîne, à quatre
myriamètres de Grenoble. C'est là qu'on ex-
ploite, depuis trente ans, des mines d'argent;
les cristaux, les glaciers énormes, sur des
montagnes qui s'élèvent à plus de deux mille
toises, en Oisans, rendent ce pays célèbre
et curieux pour les naturalistes.

C'est à faire connaître ces belles contrées,
cette terre classique, pour me servir de l'expression de Fourcroy, que furent destinés
un jardin de botanique et un riche cabinet
d'histoire naturelle, établis il y a plus de
vingt-cinq ans.

C'est pour donner une idée de ce que j'ai
fait et de ce que je désire voir compléter
par des mains plus habiles, que je donne
ici le sommaire des cahiers d'histoire naturelle dictés à mes élèves.

1. *Discours préliminaire.*

Les sciences naturelles, leur objet, leur utilité, leur agrément; leur influence sur l'agriculture, sur le commerce, sur les arts et les fabriques : elles offrent les meilleurs moyens d'utiliser les voyages et de préserver la jeunesse des orages des passions.

L'histoire naturelle fournit les matières premières de l'agriculture, de la chimie, de la physique et de l'architecture. Lorsqu'elle marchera de pair ou qu'elle précédera toutes les autres sciences, elles feront des progrès plus sûrs, plus rapides; sans l'histoire naturelle, les autres sciences restent stationnaires, croupissent dans la routine, ou sont exposées à faire des pas rétrogrades.

2. *Le globe terrestre.*

Les mouvemens diurne et annuel de la terre constituent le jour et l'année. Ces mouvemens ont pu varier, se rallentir, s'accélérer; l'axe de l'éclyptique a pu être moins incliné; les fossiles, les empreintes de plantes et d'animaux marins, étrangers à nos climats et à la température actuelle de nos pays, semblent le faire présumer.

L'histoire de la création, la narration de Moïse n'exclut point les recherches physiques, ni les lumières de la raison. La raison est une émanation de l'esprit divin, tous les cultes connus, ne sont que les rapprochemens de l'homme vers le créateur, qu'une alliance des hommes avec Dieu.

Il faut bien distinguer le dogme des cérémonies religieuses ; le dogme et la foi sont d'institution divine ; mais le culte est l'ouvrage des hommes, des tems, des habitudes et des préjugés. Nous pouvons donc sans crainte nous livrer à la recherche des corps naturels, comme d'autres hommes ont pu calculer les phénomènes célestes et astronomiques, franchir les mers, découvrir de nouvelles îles, de nouvelles races d'hommes, de nouveaux continens. S'il est un moyen légitime et pur d'élever sa pensée vers le créateur, c'est sans contredit celui de le voir, de le contempler dans ses ouvrages. Sa toute-puissance, sa sagesse infinie se montrent et éclatent de toutes parts. L'harmonie de l'univers brille dans son ensemble et dans ses détails. La même main qui a fait l'éléphant et la baleine, a aussi créé le puceron, le rotifere, le *volvox* et le *monas*; si l'on admire le mouvement d'une montre ordinaire, à plus forte raison, la dextérité de l'artiste, lorsque sans perdre de sa précision, une montre peut être renfermée dans le chaton d'une bague. C'est le cas alors de s'écrier avec Pline, parlant des abeilles et des autres insectes : *natura nusquam minimis tota sit.* En effet, si l'instinct de la nature ne veillait pas avec une tendresse particulière à la conservation, à la reproduction des petits animaux et des petites plantes, ils seraient dévorés, suffoqués par les plus forts. Mais ceux-ci sont moins nombreux, la nature semble donc avoir compensé la force par le nombre; elle a plus fait encore, la nature a souvent donné aux petits animaux comme aux petites plantes, les moyens de se reproduire et de se multiplier sans le concours des deux sexes; les grands animaux et les grandes plantes n'ont pu se soustraire à cette loi; ils n'ont donc pas les mêmes avantages.

L'être suprême, en nous accordant la raison et le don de la perfectibilité, ne nous a pas donné des organes aussi délicats ni un instinct aussi sûr qu'aux animaux. Nouvelle preuve de la nécessité de cultiver notre raison et de nous perfectionner, afin de compenser, par ces moyens, l instinct qui nous manque.

3. *Les terres primitives.*

Le silice, l'alumine ou argile, la terre calcaire, la magnésie et la baryte.

Les caractères, la situation et les propriétés générales des terres, leurs caractères particuliers.

Elles sont toujours combinées deux à deux, ou avec d'autres substances, telles que l'eau, le fer, les gaz carbonique, la lumière, les métaux, les acides.

Substances élémentaires simples.

La lumière, le calorique ou le feu, le soufre.

Le phosphore, le carbone.

L'eau, les élémens des anciens.

L'oxigène, l'azote, l'hydrogène.

La grande disproportion de parties cons-
tituantes ou élémentaires, qui existe entre
l'air qui compose notre atmosphère et l'eau
commune, doit sans cesse mettre aux prises
ces deux grandes masses fluides, toujours en
contact. L'air ne contient guères plus d'un
quart d'oxigène ; l'eau en contient plus
des $5/6$; les animaux et les plantes ne peuvent vivre sans eau ni sans l'oxigène ; ils
les absorbent, se les approprient. Que deviennent alors, d'un côté, l'azote, de l'autre,
l'hydrogène ? Ils se rendent libres, ou ils s'in-
troduisent dans les animaux et dans les plantes.
Ces derniers, provoqués, stimulés par le calorique et par la lumière, par le fer, par le
fluide électrique peut-être, sont donc des
laboratoires perpétuels dont la nature se sert
pour analyser l'air et l'eau, pour les méta-
morphoser, les tirer de leur inertie, les faire
servir comme élémens nécessaires à la vie,
les faire circuler, servir tour-à-tour à com-
poser et à reproduire des corps de la nature.

4. *Traité des roches de Werner, brochant* II, 559-640.

Saussure et Dolomieu avaient préféré l'étude des masses à celle des filons. Les anciens comme le commun des hommes de nos jours, ne voulaient que les choses utiles, par conséquent connues; ils supposaient comme les chinois, comme le peuple suppose encore, qu'il y a des choses inutiles, que tout a été créé pour l'homme. C'est ainsi que les enfans timides encore, à cause du peu d'expérience qu'ils ont, n'osent s'éloigner, crainte de se perdre, de s'égarer ou de ne savoir revenir; il appartient à des hommes adultes et courageux de marcher seuls et de voyager. C'est ainsi que Vanhelmont a donné le titre *de venatio scientiarum* à l'un de ses traités, page 19. Sous le rapport de la minéralogie, Werner a émancipé les naturalistes; dans le siècle où Mathiole copiait servilement Dioscoride, Cordus, médecin allemand, sortit du berceau la science de la botanique et osa en appliquer les principes, pendant ses voyages, à tous les pays qu'il eut occasion de parcourir.

Les Granits.

Les Gneiss, roches granitiques à filons.

Les Schistes micacés.

Les Schistes argileux.

Les Roches porphyritiques, les Sienites.

Les Roches magnésiènes, les Serpentines.

Le Calcaire grenu ou primitif.

Les Traps ou Grès sonores et primitifs.

Le Horn-blende ou Schorl noir feuilleté.

Le Quarts, le Petrosilex en masse, les Silex et les Agathes, les Calcedoines, etc.

Le Petrosilex jaspé, ou Schiste siliceux.

J'avoue que je n'ai su distinguer encore dans ce pays, le calcaire de transition, ni la wacke grise.

Le Mandelstein, la fausse variolite ou variolite du Drac, ou amigdaloide, est une roche très-commune, à Champoléon, à Chaillol-le-vieux, vers les sources du Drac. Faujas, traité des Trapps, p. 10 et 31, et le journal de phys., septembre 1784, p. 174, Saussure, §. 1572, etc., en ont parlé avec assez de détails.

Le Drac, par les cailloux qu'il roule, ou plutôt par la nature des montagnes où les torrens qui s'y jettent prennent leur source, est peut-être la rivière la plus intéressante que les Alpes puissent offrir aux naturalistes. Le Drac, en partant d'Orcière et de Champoléon, Hautes-Alpes, à deux myriamètres N. de Gap, se porte d'abord à l'est, ensuite il se dirige au midi et successivement vers l'ouest et enfin vers N. O. où il se jette dans l'Isère, à Grenoble, à huit myriamètres ou à deux journées de sa source. Le Drac, pendant ce trajet, reçoit vers sa rive droite plusieurs torrens qui s'échappent des gorges resserrées et tortueuses des Alpes. Les principaux torrens sont en remontant, 1.º la Romanche qui vient d'Oisans; 2.º la Bonne qui sort du Valbonnais; 3.º la Ceveraisse du Valgaudemar; 4.º les torrents de Molines, de Dormillouse et de Chaillol, qui viennent des gorges de ces communes. Mais aucun de ces pays n'offre le même intérêt que les sources du Drac; en voici ce me semble la raison.

Le Drac et les autres torrens des Alpes,

en

en se contournant à droite, pour s'échapper de ce noyau central très-élevé, entouré de groupes et de contreforts d'autres montagnes appuyées sur les Alpes, ne font que suivre la pente qui leur est offerte. Mais ceci est remarquable ; Orcière, Embrun, Ancelle, l'Argentière, Vallouise même, offrent des montagnes calcaires, schisteuses, ardoisières, par couches et par pics, adossés aux chaînes granitiques. Ces dernières, quoiqu'elles aient été bouleversées et fracassées, sont plus anciennes ; les torrens et le tems sont venus attaquer les montagnes argileuses, les ont disséquées, séparées pour ainsi dire des montagnes granitiques ; alors sont restés à nud des escarpemens affreux où l'on voit encore les couches surperposées de ces montagnes ardoisières que je croirais appartenir aux montagnes de transition de Werner.

Dans le Valgaudemar, le Valbonnais et l'Oysans, les traps, les grès durs, les serpentines, le horn-blende, les fausses variolites se rencontrent, mais moins suivies et très-rarement par couches. Autour de Chaillol-le-vieux, aux sources du Drac, les granits ont été moins tourmentés, et les couches de transition sont en place adossées aux granits.

On trouve aux Alpes, aux sources de la Romanche, vis-à-vis Lautaret, à la Berarde, à Sept-Laus, etc., des masses énormes de granits culbutés, entassés de plusieurs pieds de diamètre, ayant leurs arêtes vives comme si ces masses avaient été détachées depuis peu d'années.

On trouve aussi près de Fontainebleau, des blocs de grès calcaires et quartzeux, fracassés, séparés par grosses masses, et sans doute par les mêmes catastrophes, quoique peut-être à des époques très-éloignées. Aux Alpes, point de terre, point de végétation, à cause de l'élévation à trois mille mètres et plus, et à cause du voisinage des énormes glaciers. La solitude, le silence, l'abandon qui y règnent, la difficulté pour y parvenir, rendent les voyages plus rares et le phénomène plus difficile à exprimer fidèlement.

5. *Roches secondaires.*

Grès, molasses, pierres par couches sa-
bloneuses.

Calcaire secondaire ou compacte ; marbres.

Calcaire tendre, poreux, pierre de Paris,
d'Orange.

Craies, gypses ou plâtres.

Houilles ou charbons de terre.

Traps secondaires, montagnes argilo-fer-
rugineuses basaltiques.

Le calcaire compacte, par bancs ou par
couches, qui ont quelquesfois jusques à trois
mètres d'épaisseur, d'autresfois un ou deux
décimètres seulement, forme les grandes
montagnes de Sassenage, du Diois, du De-
voluy, du Gapençais, Haute-Provence, Bar-
celonette, etc. Plusieurs s'élèvent de treize
à quatorze cent cinquante toises. Ces couches
sont séparées par des lits schisteux, minces,
ou par une ligne seulement. Presque toutes
contiennent de l'argile, moins celles qui
sont plus élevées, dont les bancs sont plus
épais. Les couches inférieures, plus denses,
sonores, contiennent souvent du quartz ;

alors elles sont plus solides, plus propres à bâtir. Telles sont les carrières du Fontanil, de Lafrey, avec lesquelles on a construit les beaux ponts de Vizille, Ponteau, etc.

Le silex par rognons ou par groupes, ou dépôts peu suivis, se trouve parmi les roches calcaires; il est couleur de cire jaune, noir, rougeâtre-noir, grisâtre, félé, rempli de gerçures, quelquesfois imitant le jaspe, etc., jamais cristallisé chez nous.

Parmi les schistes friables, noirâtres, les plus communs, sur lesquels appuient les couches calcaires, se trouvent des bancs de géodes, ou pierres argileuses plus ou moins arrondies, ayant au-dedans des cavités souvent tapissées de cristaux de quartz, de la plus belle transparence : telles sont les géodes de Meylan. On y trouve aussi beaucoup de pyrites, et dans le Beaumont du carbure de fer.

Dans les grès au contraire, même dans la pierre du Fontanil qui en tient un peu, quoique d'un gris bleuâtre, comme les grandes roches calcaires, au lieu de silex et de cristaux, se trouvent nichés des rognons fer-

rugineux très-durs, qui émoussent les pointes
les mieux acérées et impatientent les ouvriers.

Toutes ces couches secondaires m'ont
paru bien différentes du calcaire poreux de
Paris. Le calcaire compacte est toujours lié
par des cristaux souvent imperceptibles, qui,
pour me servir de l'expression de Bertholet
(stat. chim.), lui servent de lien, de ciment, donnent lieu à sa solidité. Le calcaire
que je nomme *poreux*, au contraire, se rap-
proche de la craie, même du tuf : telle est
la belle pierre avec laquelle est bâtie la ville
de Paris.

Les montagnes volcaniques, depuis les
travaux de Lamanon, Faujas, Saussure, Dolomieu, Werner, Spallanzani, Hales, Pictet,
Daubuisson, etc., me paraissent classées. Elles
appartiennent, si je ne me trompe, à ces
traps argilo - ferrugineux et pyriteux, aux
pierres de Corme de Wallerius, qui s'étendent depuis la wacke et la sienite de Werner
jusques à la variolite du Drac, couleur de
lie de vin, qui en imposa à Lamanon, et à
laquelle je donnai d'abord le nom de roche
volcaniforme, à cause de ses boursouflures,

de ses porosités, et pour rendre plus excusable l'erreur de cet ardent et estimable naturaliste que nous avions à combattre.

Je ne m'occuperai pas de l'explication des porosités de ces roches glanduleuses ni des cristaux de différente nature qui les tapissent : la masse ou ciment et les cristaux me paraissent contemporaines , ou du moins d'une origine très-rapprochée : la masse et les cristaux sont de diverses nature.

Quant à la cause du feu des volcans, quant aux matières plus ou moins altérées qu'ils rejettent , on sait que le laboratoire de la nature ne souffre jamais d'interruption ; que tandis qu'elle analyse , elle compose ; qu'elle détruit et qu'elle régénère sans cesse, le tems n'est que pour nous, il n'est rien pour elle. Nous avons les matières premieres des laves, des cornéennes ; il suffit de les comparer , de les présenter les unes et les autres au chalumeau pour en être convaincus. Les volcans ne brûlent que dans le voisinage des mers : nous n'avons aucuns vestiges de volcans éteints dans ce département ; il nous suffit de mettre sous les yeux des élèves

et des curieux quelques produits volcaniques,
pour leur donner une idée de ces phénomènes terribles et imposans de la nature. La
lecture des ouvrages de Dolomieu, de Faujas,
de Spallanzani, de Halmiton (1), etc. , sur ces
matières , leur donneront de plus grandes
idées , des notions plus justes que les détails dans lesquels nous pourrions entrer.

6. *Roches d'alluvion ou de troisième formation.*

Les tufs, les poudings, les sables agglutinés avec les cailloux , avec les débris des
roches de toute espèce , forment les montagnes d'alluvion, c'est-à-dire déposées par
les eaux. Je les nommerais volontiers montagnes terreuses, car elles le sont toutes ;
ce qui, joint à leur formation plus récente,
les rend moins pures et bien moins solides.

---

(1) Le savant et vertueux Patrin , dict. d'hist. nat. , vol.
xxiij, au mot Volcan, vient de ressusciter l'opinion de Lamanon , concernant la variolite du Drac qu'ils ont cru vol-
canique. Cette opinion n'est pas la mienne , mais j'applaudis
au zèle de ce savant et à son opinion sur le feu des *volcans*.

Les autres montagnes sont nettes et lavées par les eaux, ce qui confirme de plus en plus l'opinion de tous les naturalistes modernes, qui pensent que notre globe est sorti du sein des eaux, et s'y est cristallisé.

La terre est donc plus récente que les roches; mais elle paraît mêlée, incorporée avec les montagnes d'alluvion, tandis que les autres montagnes n'en contiennent pas. En effet, le terreau, *l'humus* végétal, la terre vierge même, ne sont que le débris des végétaux ou des animaux; car à la longue, l'eau les détruit et les convertit toutes en sel, en cristaux ou en pierre; il m'a paru en un mot que l'humus ou terreau n'est qu'un mélange, une tourbe temporaire, un débris de végétaux ou d'autres matières organiques, auquel, rigoureusement parlant, le nom de terre ne peut convenir. La terre, ou plutôt le globe, est un amas de rochers; les fouilles, les montagnes, les mers, les galeries des mines et l'antiquité du globe l'attestent.

D'après ces observations, le globe terrestre ne serait composé que de masses énormes de rochers ; nous lui aurions donc improprement donné le nom de terre, et au lieu de *globus terraqueus* ; les anciens auraient dû l'appeler *globus petraqueus*, s'ils l'eussent mieux connu ; car le globe est une masse de roches formées dans l'eau.

Les pierres menlières, les jaspes, les porphyres, se rapprochent des montagnes tertiaires ou d'alluvion ; mais elles en diffèrent par leur ciment quartzeux, et par leur position parmi les montagnes primitives.

Les wackes, les serpentines, les pierres de corne, les brêches granitiques, se rapprochent encore des montagnes d'alluvion. Partout où des dépôts de sable marin ou de rivière, se sont agglutinés avec des cailloux roulés ou anguleux, pour former des poudings, des brêches ou du grès, on peut reconnaître les roches par alluvion. Une patte calcaire, souvent argileuse, quelquefois quartzeuze et à demi cristallisée, les unit, leur sert de ciment. Le mortier ou ciment commun à chaux et à sable, le ciment romain fait avec des fragmens de brique, de terre cuite ou de poterie ; le ciment marin fait avec les pouzzolanes et autres matières volcaniques durcies, altérées d'eau par le feu; le fer dans les argiles cuites, dans les pierres, ou en poussière, en oxides, en limaille même, donnent une idée de la formation des brêches, des poudings, des roches d'alluvion et des cîmens anciens et modernes; il ne faut à la nature que du repos, elle sait mettre tous les matériaux à profit. Pressés par le tems qui les entraîne, les hommes ont besoin de choix, pour accélérer leurs édifices et pour forcer l'expérience à s'expliquer pendant le peu d'années qu'ils ont à vivre.

Les montagnes tertiaires, ou d'alluvion, forment les groupes, les côteaux nombreux, boisés et herbacés, qui appuient la base des grandes montagnes, les rendent accessibles, masquent leurs escarpemens. Les côteaux qui dans ce pays, forment les vastes plaines qui séparent le Rhône de l'Isère, et Lyon de Grenoble, sont des montagnes par alluvion. Là, on voit des cailloux d'un quartz roussâtre, écailleux, qui tiennent le milieu entre le quartz et le feldspath, ou plutôt, le petrosilex de Dolomieu. Ce savant minéralogiste, notre compatriote, me disait un jour, « je ne » sais où la mer a pris ces cailloux. J'ai traversé » huit à dix fois la chaîne des Alpes, dans la » Suisse, le Mont-Blanc et le Dauphiné ; je » n'ai jamais vu un seul rocher de cette nature. » D'ailleurs, ajoutait-il, toutes les montagnes » du Mont-Blanc ne suffiraient pas, pour for- » mer autant de côteaux, qui depuis les Echel- » les jusques à la Crau d'Arles, forment une » masse de cent à deux cent pieds d'épaisseur, » sur une largeur de huit à dix lieues, et une » longueur de plus de quarante lieues ». Je lui indiquai dans l'Oisans, près des Rousses, un quartz en masse à cassure écailleuse, tout crevassé, qui sert à former les lacs de Brande au-dessus de Vaujani en Oisans. J'ajoutai que des couches de grès calcaires et très-ferrugineuses, dominaient ces montagnes granitiques, et s'élevaient à près de quatre mille mètres ou de mille huit cent toises, sur le niveau de la mer. Ces observations firent grand plaisir à notre savant géologue, et lui firent naître la résolution de les vérifier. J'ignore s'il l'a exécutée.

Pendant l'intervalle très-long sans doute, non de quarante jours, mais de milliers de siècles que la mer a employés pour se retirer, ses vagues, ses courans, traversaient les cols ou passages de nos Alpes. C'est alors, que ces courans ont pu apporter du jaspe, du porphyre, de la vraie variolite, de la Durance et de la Basse-Provence, pour les déposer aux environs de Grenoble, à Quaix, à Saint-Nizier, etc., malgré que les cols de la Croix Haute, sont à huit cent toises d'élévation au moins au-dessus de la mer.

Ces terribles courans, cependant, n'ont pu pénétrer à Saint-Christophe en Oisans, où les cols sont à seize ou dix-sept cents toises ; mais ils ont franchi ceux du Lautaret qui a mille toises ; ils sont même parvenus, sur le Galibier qui a quinze cents toises.

Les rivières et les torrens actuels, en minant, en dégradant sans cesse les montagnes, composent de nouvelles montagnes d'alluvion, en déposant leurs débris, leurs cailloux terreux mêlés de bois, de tourbe, etc., dans les plaines et sur leurs rivages.

Il serait très-difficile de bien assigner les

limites, entre les dépôts marins et les dépôts terrestres qui sont dus aux torrens et rivières bien plus récens. Werner a fait des roches de passage ou de transition, entre les montagnes primitives et les montagnes secondaires ; nous pourrions, des cornéennes et des grès, des poudings, passer aussi aux montagnes ou roches d'alluvion, au moyen des dépôts de la mer, toujours moins terreux que ceux des torrens et rivières bien plus récens.

7. *Les Cristaux.*

Considérés relativement
{
Les gemmes, les pierres précieuses.
Le quartz, la feldspath et variétés.
La schorl, l'axinité, la prehnite.
La chlorite, l'oisanite.
Le micalle horn-blende, la zéolite, les amiantes.
Le spath calcaire, ses nombreuses variétés, carbonates, etc.
Le gypse ou plâtre, ses cristaux.
Le carbonate et le sulphate de Baryte.

Les cristaux sont aux pierres, ce que les fleurs sont aux plantes (Bertholet), mais les masses de rochers, ainsi que les vastes forêts, dont les caractères et les fleurs échappent ordinairement à la vue, méritent sans doute notre attention, a dit le même savant.

C'est d'après ces considérations, d'après la rareté et la difficulté de trouver et de bien observer les cristaux, que j'ai préféré la lythologie à la minéralogie proprement dite et à la cristallographie; les cristaux, plus brillans, plus curieux, sont plus recherchés; mais vaut-il mieux étudier d'abord les masses, sources des cristaux, ou étudier ces derniers isolés et séparément ? C'est un problême douteux. Il me reste à parler des sels des métaux et des fossiles.

8. *Des Sels.*

Les sels sont les agens les plus puissans de la nature, pour la combinaison et pour la décomposition des corps organiques. La chimie moderne est à la veille, peut-être, de nous apprendre quelle est la source, quelle est l'origine du sel marin. Cette origine est commune sans doute au sel gemmé, au sel de mine; l'un et l'autre commencent peut-être dans le fond des grands lacs comme au fond des vastes mers ; l'un et l'autre sont cristallisés, sapides , solubles , incombustibles, et ont une grande tendance à se combiner avec l'oxigène , avec l'eau, les métaux, les terres , les matières animales et végétales.

Les sels alkalis, le natron ou carbonate de soude.

Le sel gemme, le sel marin ou sel commun.

Le borax ou borate de soude.

L'ammoniac , natif, factice.

Le nitre, le nitrate de potasse, nitre calcaire.

Les sels terreux, le sulfate de magnesie ou sel d'epsom.

Le sulfate d'alumine ou l'alun.

Le sulfate de barite , le sulfate calcaire, le plâtre.

Le sulfate de fer, de zinc, vitriol vert et blanc.

Il y a donc des sels alkalis, à base d'alkali et à base terreuse , à base métallique, etc.; par-tout l'eau qui leur donne la forme, la transparence et la solubilite, fait les frais de la cristallisation.

La digestion , chez nous , a besoin de sel ; mais si une petite quantité est nécessaire pour amener la pâte alimentaire à ce degré de dé-composition qui approche de la fermentation et de la putréfaction dont elle frise les limi-tes, en-delà comme en-deçà, trop ou trop peu de sel; son excès, comme son défaut, suspend, arrête la digestion ou laisse dégager dans l'estomac , des gaz , des principes de mala-dies , incompatibles avec la santé et avec nos organes.

Le mouton d'Espagne et le jeune cheval du Poitou qui viennent sur nos montagnes, ont besoin de sel, tandis qu'ils pouvaient s'en passer et ne le connaissaient pas près de la mer.

Les pigeons sauvages et domestiques vont bequeter les glaises et les schites , le long des torrens où se forment des efflorescences de sulfate , de magnesie ou de sulfate de soude en été.

La chèvre et la brebis vont lécher les murs et les plattras où se forment des efflores-cences de nitre et d'autres sels.

L'instinct de la nature a donc appris aux animaux ,

animaux, ce que la chymie et les arts per-
fectionnés ont enfin appris aux hommes, que
les sels sont, pour les uns comme pour les autres, de première nécessité.

Le chaudronnier, le pottier, l'orfèvre et
l'armurier emploient tour-à-tour l'ammoniac,
le borax, la résine, ou différens métaux plus
fusibles, pour décaper, enlever l'oxide des
métaux, mettre en fusion, souder les métaux.

C'est sur l'analyse, sur la synthèse, la
décomposition et la composition des sels, que
la chymie moderne assura ses bases, et fit ses
premiers pas dans la carrière brillante des
affinités qu'elle s'est ouverte. Depuis Geoffroi
jusqu'à Bergmann et Schéele, depuis ces
derniers jusqu'à Lavoisier, Fourcroy, Berthol-
let et Vauquelin, combien de grands hommes
ont payé leur tribut aux sciences exactes les
plus utiles, et acquis des droits à la reconnaissance publique, à l'immortalité !

Les sels jouent un si grand rôle dans la
nature et dans les arts, qu'on ne saurait les
perdre de vue un seul instant, si l'on veut faire
des progrès dans l'étude des corps qui composent les sciences naturelles.

C

L'étude de la chymie, les lois des affinités, comme celles de l'attraction, influent donc sur les sciences physiques , comme les lois générales et particulières balancent l'univers; l'action et la réaction des molécules agit sur les corps comme l'attraction des grandes masses sur les globes célestes ; et c'est au milieu des grands phénomènes généraux et des phénomènes particuliers , que se trouvent placées l'observation et l'analyse confiées à l'esprit humain, comme son plus bel appanage. Ici se montre la liaison inséparable des sciences naturelles et physiques; la chymie et 'astronomie , la chymie et la méchanique céleste en sont les parties les plus utiles , les plus brillantes et les plus élevées; mais les sciences naturelles doivent les précéder et diriger tout-à-la-fois la main, et alimenter les laboratoires de ceux qui les cultivent.

10. *Substances métalliques.*

Les métaux se distinguent aisément des autres substances minérales, 1.º par leur pesanteur; 2.º par le brillant métallique, et 3.º par leur inflamabilité.

Les métaux abondent dans le sein des montagnes; ils y forment des filons, des veines, qui furent très-anciennement des fentes ou crevasses, que le quartz ou d'autres cristaux sont venus tapisser, et les substances métalliques, se mêler avec eux. Le fer, le plus utile et le plus généralement répandu des métaux, dans la nature, se trouve non seulement par filons, mais encore mêlé avec les terres, les pierres, avec le soufre et les autres métaux. Le fer se trouve dans tous les végétaux et jusques dans notre sang; on le voit se former, pour ainsi dire, sur la surface des eaux marécageuses et croupissantes, et dans les égouts, les cloaques. Ces eaux irisées, ces tourbes ochreuses, ces racines entourées de rouille ochreuse rougeâtre, sont des sulfates et des oxides de fer.

Cette abondance du fer et du soufre, qui accompagnent presque tous les métaux, les animaux et les plantes, feraient présumer qu'ils jouent un grand rôle dans la nature; que l'air, la terre et l'eau contiennent peut-être les élémens nécessaires à leur formation. M. Guettard m'a assuré qu'il existe des marais

en Pologne et en Livonie, où l'on pêche le
fer par rognons, tous les vingt-cinq à trente
ans.

Tous les métaux ont une très-grande affinité avec l'oxigène, qui est la partie de l'air
vital que nous respirons, et sans laquelle
aucun être vivant ne peut exister. C'est l'oxigène qui les change en rouille, les détruit,
augmente leur volume et leur poids, leur
enlève leur solidité, leur brillant métallique,
leur poli, et leur donne un air terreux ou
salin, leur imprime diverses couleurs. La
sanguine ou crayon, l'ochre rouge et jaune
sont des oxides de fer. Le blanc de plomb,
la céruse et la litharge sont des oxides de
plomb. Le verdet ou verd-de-gris et le vitriol
bleu, sont des oxides de cuivre; le cinabre,
un oxide de mercure.

Tous les métaux n'ont pas la même tendance, et je dirais le même besoin de s'unir
à l'oxigène. L'or, l'argent et le platine lui
résistent lorsqu'ils sont purs; mais leurs allia-
ges, leurs almagames avec d'autres métaux,
les rendent accessibles à l'oxigène; il en est
d'autres au contraire qui en sont insépara-

bles, qui ne se montrent jamais purs et sous forme métallique, mais au contraire sont toujours combinés, unis, oxidés par l'oxigène; tels sont le manganèse, le scheeling ou tungstène, le molybdène, etc.

Les anciens ne connaissaient que sept métaux qu'ils comparaient aux sept planètes et leur en donnaient le nom; l'or, l'argent, le cuivre, l'étain, le plomb, le vif argent, le fer, *au soleil*, *à la lune*, *à Vénus*, *à Jupiter*, *à Saturne*, *à Mercure*, *à Mars*. Ils regardaient comme demi-métaux ou comme métaux imparfaits, les métaux cassans, non ductiles ni malléables; l'antimoine, le zing, le bismuth, étaient de ce nombre. L'arsenic les embarrassa long-tems, parce qu'il réunissait le poids des métaux, à des qualités salines, corrosives, etc.

Le nombre des métaux s'est tellement accru, que le cit. Brochant, dans une note vol. II, pag. 623, en compte vingt - trois espèces, non compris un nouveau métal que le conseiller d'Etat Fourcroy vient (annales d'histoire naturelle, xv cahier, p. 158) de nous indiquer dans la platine. D'après plusieurs métaux nouvellement découverts, il est probable que la chymie moderne en augmentera encore le nombre, ainsi que celui des terres, qu'elle a déjà doublé depuis sa réforme.

On nomme métaux vierges, ou natifs, ceux qu'on trouve purs et avec leur brillant métallique. Le platine, l'or, l'argent, le cuivre, le plomb, le vif-argent, se rencontrent souvent ainsi, quoique souvent minéralisés par le fer, le soufre, l'arsenic, l'oxigène, l'acide marin, carbonique, etc.

On nomme minerais, toute roche, terre ou autre mélange qui contient un ou plusieurs métaux.

La pesanteur, le brillant, la couleur particulière aux métaux, leur forme cristalline, les gangues ou filons qui les accompagnent, la nature des roches ou filons, l'art des essais, le chalumeau, les réactifs, la docimasie, etc.; tels sont les moyens de constater les filons et leurs produits.

11. *Les Fossiles.*

Werner a donné le nom de fossiles à

tous les minéraux extraits du sein de la terre. Avant cette époque, les naturalistes français avaient adopté pour fossiles les pierres et les bois fossiles ,qui conservent des empreintes d'animaux ou de végétaux, ou même qui en sont le produit.

Les annales du globe sont inscrites sur ces empreintes. Elles nous montrent des traces de poissons, d'étoiles de mer , de coraux, de madrépores, de coquillages , de vers , de palmiers , de fougères, de plantes marines. Presque toujours ces empreintes représentent des animaux ou des plantes étrangères à nos climats , souvent même leurs analogues nous sont inconnus.

Bernard Palissi, Scheuchzer, Bourguet, Telliamet (de Maillet) avaient démontré l'origine du globe , ou au moins celle des montagnes par couches , provenues de dépôts marins. Mais Leybnits (*protogæa*) et Wallerius, en faisant accorder la narration de Moïse avec les lois de la physique , avec l'histoire profane et la tradition des peuples , n'ont laissé aucun doute à cet égard. De nos jours, Lamétherie , Saussure, et une infinité d'autres naturalistes, ont mis le comble à notre conviction.

Mais les savans, les hommes éclairés, qui observent et qui lisent, ne font pas la majorité parmi les hommes ; et la classe nombreuse, toujours moins instruite, est aussi plus susceptible d'erreurs. Cependant, lorsqu'un coquillage pétrifié, lorsqu'une empreinte de poisson ou de plante, nous frappent, ce serait se refuser à l'évidence, en ne voulant pas reconnaître leur origine, c'est-à-dire, les traces de la mer sur le continent.

12. *Les Matières combustibles.*

Le diamant a été, de nos jours, placé à la tête des substances combustibles les plus pures.

Le charbon, produit du bois et d'autres matières végétales par son affinité supérieure avec l'oxigène, l'attire de l'air, l'enlève aux oxides métalliques, et rend aux métaux leur poli, leur brillant, leur densité, leur ductilité.

Mais le charbon n'est pas le carbone pur ;

celui-ci ne fait que passer d'un composé à l'autre, à cause de sa trop grande tendance à se combiner avec les terres, avec les mé-taux, avec le calorique, avec la lumière, etc., sur-tout avec les végétaux; on ne peut l'avoir pur, il n'y a jusqu'ici que le diamant qui le renferme tel.

Dès que le bois, les plantes, les résines, les huiles ou leurs divers produits ont resté ensevelis dans la terre, ils noircissent, se changent en houilles, en tourbes, en bi-thumes, en petrole, en karabé, en ambre jaune-gris, etc. Mais la nature travaille dans l'obscurité, dans le sein de la terre, à demi-lieue de sa surface, quoique privée des se-cours de l'air et de la lumière. Le carbone alors se répand, imprégne, pénètre les ar-giles, s'insinue dans les crevasses, les grot-tes souterraines. forme les filons de houille ou de charbon de terre.

La tourbe est une autre espèce de com-bustible; les mottes de tan, le tan des an-ciennes couches, le gazon des plaines maré-cageuses, les racines, les bois, les herbes ensevelies dans les marais, forment la tourbe.

J'ai trouvé des bois fossiles à la hauteur de 1300 toises au-dessus de la mer, près du Mont-de-Lans en Oisans, c'est-à-dire, à 400 toises environ au-dessus de la région des bois actuels. Ces bois sont ensevelis à un mètre plus ou moins de profondeur dans des tourbières, dans des marais auprès des glaciers.

Près de la Tour - du - Pin, d'autres bois fossiles plus charbonnés, à demi-pétrifiés, lourds et pesants, quoique susceptibles d'être rapportés au pin, au sapin, à l'aune, etc., comme les premiers au bouleau, au mélèze, au tremble, etc. ; ceux de la Tour-du-Pin étaient à 100 pieds sous terre, couverts de dépôts limoneux et caillouteux, de graviers calcaires et schisteux, comme ceux du Drac et nullement ressemblans aux cailloux du Rhône qui est dans le voisinage et qui a formé par alluvion les montagnes et les côteaux des terres froides qui séparent Grenoble de Lyon, ainsi que je le dirai après.

Ces deux faits et tant d'autres prouvent

combien notre globe a été tourmenté et métamorphosé par les courans, à sa surface. Ces dépôts remontent sans doute à des époques très-reculées ; il est même probable que cette partie du globe n'était pas habitée alors ; car nul vestige, nulle trace de travail de main d'homme n'a paru sur ces bois fossiles.

Ce n'est pas du côté de la géologie seulement que les combustibles peuvent nous intéresser. Le bois va manquer par-tout, jusques sur nos montagnes, et les physiciens doivent diriger leurs efforts vers les moyens économiques du feu et du combustible, en attendant qu'une bonne administration, à l'exemple de Rumford, ait donné aux propriétaires et aux esprits une meilleure direction.

2.ᶜ Division. -- *Zoologie, règne animal.*

JUSQU'ICI nous nous sommes occupés des matières brutes qui, obéissant aux lois générales de la physique et aux lois particu-

44

lières des affinités, sont privées des attributs
de la vie.

Les corps organiques , les êtres vivans, les
animaux et les plantes , sont dirigés par d'autres lois. Le principe vital, l'instinct qui
dirige les espèces , et la nature particulière de
chaque individu , résistent aux lois mécani-
ques et à celles de l'affinité , au lieu de leur
obéir. Une main invisible semble veiller à
leur entretien, à leur conservation, à leur
reproduction , et la nature redouble de soins
et de précautions pour protéger les plus faibles contre les plus forts; elle redouble de
soins encore, lorsqu'un aliment dangereux ,
un poison, une maladie, viennent les surpren-
dre. Spallanzani a vu le suc gastrique chez
le même animal, également propre, à attaquer les viandes crues, à accélérer leur décomposition et à faire rétrograder celles qui
étaient trop faites, prêtes à se corrompre.

Staahl, habile médecin, a donc eu raison
de dire, *ubi desinit physicus, ibi incipit me-
dicus* (1) ; car pour être en état de bien

______

(1) Theoria, ver. p. 53.

observer en physiologie et en médecine , il faut savoir que les êtres vivans ne suivent pas les lois de la physique , mais au contraire les lois de la vie.

Mais le principe de la vie , non seulement nous est inconnu , mais encore ses modifications spécifiques et individuelles nous échappent : il y a plus , chaque organe du corps humain , le cerveau , le cœur , l'estomac et les organes de la génération , ont une vie particulière qui réagit , se partage ou se modifie ensuite sur les autres organes.

Les complications organiques des animaux avaient fait croire aux anatomistes des derniers siècles , que les ressorts de la vie seraient plus apparens dans les grands animaux ; delà les travaux des académiciens de Londres , de Paris , etc. Ils s'apperçurent bientôt que les globules du sang et la fibre musculaire , qui sont les élémens organiques où se bornent nos recherches , ne sont pas plus volumineux dans le cerf , le bœuf et l'éléphant , que dans la souris.

En appliquant aux grands animaux les verres microscopiques , bientôt le manque de transparence de leurs vaisseaux et de leurs membranes fit sentir la nécessité de les appliquer aux grenouilles, aux poissons, aux insectes et aux vers, dont les vaisseaux transparens permettent de voir le cours du sang, la forme des globules et la structure des vaisseaux à travers les membranes.

Aristote avait dit que le cœur, premier vivant et dernier mourant, devait être le siège de la vie. Cette grande vérité apperçue comme un nouvel astre qui paraît sur l'horison, éclipsa pendant long-tems toutes les autres découvertes par l'éclat de sa lumière, et fixa aussi pour long-tems l'opinion et le génie des philosophes.

Mais le cœur, organe essentiel, n'existe pas chez tous les animaux, de même le germe ou *corculum* de la graine n'existe pas dans tous les germes des plantes, quoique capables de reproduire et de multiplier l'espèce. Il était réservé à notre siècle de franchir les bornes de l'habitude, de secouer un préjugé qu'une antique vénération, un excès de confiance pour les anciens, nous avait laissé.

Les modernes, Spallanzani, Cuvier, Muller, etc., se sont distingués dans cette brillante et pénible carrière; avant eux, Reaumur,
Swammerdam, Bonnet, Lyonet, Leuwenoeck, etc., s'y étaient déjà illustrés. Mais
un but de nouveauté, souvent de pure curiosité, dirigeait leurs observations : un but plus
louable et plus noble a dirigé les modernes.
Ils ont cherché une méthode; l'absence du
cœur les a pour ainsi dire dégagés du laby-
rinthe des préjugés : une fois sortis de ces
entraves, une noble émulation nous a portés
à l'examen des animaux infusoires et microscopiques, indépendamment de toute analogie et de toute comparaison avec les autres
animaux. Ils n'ont en effet de commun que
le mouvement et la vie. Ce sont des atomes
vivans; il y en a qui n'ont pas la cinq
centième partie du diamètre d'une ligne, ils
se meuvent cependant arbitrairement, ils cher-
chent leur proie, ils évitent les obstacles,
fuient leurs ennemis: en un mot, ils sont les
infiniment petits du règne animal; et il est très-
probable qu'ils seront aussi utiles au progrès
des sciences physiologiques, que les infini-

ment petits ont été utiles aux sciences mathématiques. On avait tenté envain auparavant d'employer l'analyse chimique à l'histoire
des animaux; c'était la synthèse qu'il fallait
leur appliquer. En voulant les analyser on les
détruit, sans espoir de les régénérer : en leur
appliquant la synthèse, on les voit se former, croître et reproduire ; on les observe,
on ne les détruit pas. Mais la synthèse n'est
rigoureusement applicable qu'aux animaux
les plus petits, parce qu'ils sont les plus
simples, les moins compliqués de tous. J'ai
eu l'avantage de faire quelques pas dans
cette carrière, mais trop tard; je n'ai pu
que glâner là où Muller et Spallanzani ont
moissonné à pleines mains.

Les naturalistes, pour mieux se familiariser avec les caractères des animaux, les
ont classés, divisés et sous-divisés par séries
ou tableaux propres à être saisis avec facilité.
Abstractions heureuses qui, lors même qu'elles nous détournent de la véritable route,
ou la prolongent, nous font remarquer en
passant ce qui a frappé les auteurs de ces
méthodes, et jusques à leurs écarts, leurs
erreurs.

erreurs. Les méthodes synthétiques trop faciles, écrivait Ramond, en nous abrégeant le travail, nous font oublier la science. Je préfère, ajoutait-il, la méthode naturelle, plus pénible à la vérité, mais bien plus solide, parce qu'elle nous force à l'étude.

Nous oublions presque toujours que la méthode n'est pas la science; elle n'en est que l'acheminement. Le système de la nature de Linné n'est rien moins que cela; c'est un catalogue raisonné, propre à y encadrer les caractères; ce sont des points de vue pour nous faire appercevoir les objets. Le système sexuel, bien plus important, à cause du mystère dont il semblait promettre la clef, n'eût pas obtenu autant de critiques, ni autant d'enthousiastes, si Linné avait dit : je n'ai fait ce système que pour vous faire lire mes observations. Hâtons-nous donc de nous persuader que les méthodes et les systèmes, faits et à faire, ne doivent être considérés que comme nos dictionnaires, qui présentent le mot sous lequel nous pourrons trouver les caractères.

Le cœur, organe essentiel au plus grand

nombre des animaux a dû frapper les premiers naturalistes ; il a deux cavités ou deux
ventricules, et deux oreillettes destinées à
une double circulation, celle du poumon
d'abord, ensuite celle de tous les organes;
tel est l'homme, tels sont les quadrupèdes, les oiseaux, etc.

Dans les reptiles, le cœur n'a qu'une ca-
vité et il n'y a qu'une seule circulation. Le
poumon respire arbitrairement, et déjà le
sang froid en comparaison des premiers,
offre des globules ovales et plus gros, plus
approchans des globules du sang des oiseaux,
singulier rapprochement entre les habitans
de l'air et les habitans du limon, des cloaques les plus mal sains et les plus mal propres.

Dans les poissons, le cœur et le sang
approchent de ceux des reptiles, mais il n'y
a plus de poumons, ce sont à leur place,
des branchies, des membranes latérales
et flottantes qui, en donnant accès à
l'eau, en séparent l'oxigène pour vivre, et
rejettent le superflu par la bouche, ou l'ava-
lent, en séparent l'hydrogène propre à former l'huile et la graisse, dont le poisson,

sans cesse lavé, exposé aux flots ainsi que les canards, les oiseaux de rivière, ont le plus grand besoin.

Dans les mollusques et les coquillages, c'est une autre structure. Le cœur semble se diviser et se multiplier, mais il n'y a plus d'organe respiratoire apparent. Nous devons au cit. Cuvier, de curieux mémoires et d'intéressans travaux à ce sujet. Spallanzani et Swammerdam se sont aussi immortalisés dans la même carrière.

Cherchant des polypes, dans les fossés aux environs de Grenoble, j'ai rencontré souvent une gelée adhérente tantôt aux feuilles de *nymphæa*, tantôt à d'autres plantes. Une loupe de deux pouces de foyer (grossit 16 fois la surface), y fait appercevoir aisément des points gris-brun qui se tournent sur eux-mêmes très-lentement. Vus au mycroscope, ce sont des corps réniformes, ayant des points brillans micacés ; l'ensemble de l'aggregat gelatineux contient 30 à 50 de ces points, et prend aussi une figure réniforme. Ce fut pour moi un spectacle bien curieux, de voir ce point réniforme,

D 2

rouler ses points brillans l'un après l'autre successivement. Quinze jours après parut une coquille ayant ²/₃ de ligne sur ¹/₃ de diamètre en cone oblique, n'ayant qu'un seul mamelon à son extrémité, sans autres spires : vers le milieu à droite (le micr. la fait voir à gauche), paraît une bulle palpitante, le cœur sans doute, entourée d'une autre bulle aerienne. La partie antérieure de l'animal tronquée, a deux corps triangulaires, latéralement, un de chaque côté, un peu moins avancés ; ce ne sont pas des tentacules, mais deux avances en forme d'oreilles, qui en tiennent lieu sans doute ; car, deux points noirs à leur base en dessus sont constans, mais ne s'élèvent pas du tout hors du niveau du cou. En dessous, une bouche triangulaire, plus longue que large, tronquée en devant, pointue en arrière, agit en suçant, en se contractant et se dilatant. La lèvre inférieure est plus large, plus mince et moins allongée que la tête. L'ouverture de la coquille est ovale, obtuse en avant, pointue en arrière, occupant les ³/₄ de la longueur de la coquille et toute sa largeur.

Au-dessous du cœur paraît un conduit transversal, espèce de boyau ou de canal que je n'ai vu que mal et confusément. Comme ce très-petit coquillage est transparent, il est très-curieux à voir, et m'a paru présenter en petit une partie des organes que le cit. Cuvier a si bien décrits et fait graver d'après l'aplysie ou lièvre de mer (journal ou annales d'histoire naturelle, X.^e cahier 287); c'est ce qui m'a décidé à le décrire.

Observations. Lorsque j'ai voulu rapporter cette petite coquille aux espèces connues, j'ai été embarrassé. Je me suis adressé à M. Sionest l'aîné, de Lyon, aussi savant qu'il est généreux et communicatif; il a eu la complaisance de me répondre que c'était le *bulinus glutinosus*; Helix id. Linn. systêm. VI, p. 3659 n. 134; mais en ce cas, elle serait bien plus petite, car Linné donne à la sienne quatre lignes de long. Voyez la planche.

Le *bulinus minimus* de Poiret, prod. 49, qui n'a que deux millimètres sur un mill. au plus, convient mieux à son volume, mais elle n'a pas cinq spyres ou volutes, car elle n'en a qu'une.

54

Dans les insectes, les vers, mais sur-tout les lythophytes ou plantes de mer, l'organisation est plus simple encore ; on apperçoit à la vérité un vaisseau rouge, dilaté, qui se contracte et se dilate alternativement, mais c'est un canal nutritif, plutôt qu'un cœur, à ce qu'il m'a paru.

J'ai observé deux naïs infusoires, rougeâtres, ayant une ou deux soies, latéralement, sur douze ou vingt articulations différentes.

Le premier, que je nomme naïs *oculata capite conico bipunctato setis lateralibus binatis, cauda truncata*, an N. *elinguis?* Mull. an N. *barbata?* Hist. verm. 23, n. 156, fig. 1, A, a, B.

Le second naïs *distoma, ore laterali utrinque semi truncato setis binatis.* f. C. D.

Le premier, plus gros, inspire des globules gazeux ou aëriens, par sa partie postérieure où aboutit un canal alimentaire unique, en zigzags, tandis qu'il absorbe l'eau par sa bouche qui est à l'extrémité antérieure d'une tête conique.

Le second, plus petit, a une bouche latérale, comme si l'on avait coupé la moitié d'un cone obtus, à son extrémité. Par chaque ouverture, j'ai vu lancer des points noirs ou bruns-terreux, sortans un à un d'un canal unique un peu tortueux, c'est-à-dire plus long que les enveloppes. Aux deux côtés du canal, je voyais s'introduire des globules gazeux ou aëriens, comme dans la partie postérieure de la première espèce.

Un accident heureux est venu appuyer cette observation ; voulant changer de vase, mon petit ver (ils ont le diamètre d'un cheveu, et deux à trois lignes de long) ; je l'ai rompu en trois parties à-peu-près égales, avec un pinceau auquel il s'était attaché. J'ai conservé les trois parties très-soigneusement. La partie moyenne n'a pas repris de mouvement. Mais les deux extrémités ont vécu, nagé avec leurs soies, qui tiennent lieu de nageoires. L'une d'elles a repris deux anneaux ou articulations ; au bout de quinze jours, cet accroissement était mobile, mais n'avait pas encore repris des soies. L'une et l'autre, vermeilles, nageaient, quoique moins vîte, tandis que la partie moyenne, morte, pâlit le même jour, et elle se décomposa le troisième.

La vie, de concert avec la lumière, fixe donc les couleurs pour les vers, comme pour les fleurs, les oiseaux, etc. ; et jamais la vie n'est plus brillante ni plus animée, que lorsque la rose est peinte sur la physionomie des jeunes personnes.

J'ai également observé les volvox, les ciclydes de Muller, les rotifères de Baker et de Spallanzani ; je les ai vus palpitant, respirant, haletant, faisant mouvoir un canal alimentaire que la prévention en faveur du cœur, supposé essentiel à tous les animaux, m'aurait fait regarder comme tel, sans les travaux de Cuvier ; mais alors, j'ai dit : ce sont des petits sacs mobiles et vivants qui n'ont qu'une seule bouche sans anus. Les belles réflexions de Lacepède, les travaux de Trembley sur les polypes, m'ont aidé à sortir de ces entraves, où me retenait le désir inutile de retrouver un cœur dans des animalcules qui n'en ont pas.

Après avoir parcouru comme physiologiste-médecin et comme naturaliste, les deux extrêmes des animaux ; après avoir comparé

la structure de l'espèce humaine, par où
nous devons toujours commencer, comme
étant la plus intéressante et la plus compliquée, avec le point vital des animaux infusoires et microscopiques, je devais démontrer,
du moins je desirais savoir en quoi consiste
le caractère des animaux.

La fibre organique et alternativement mo- Défin. de
bile, susceptible de contractilité et de relâ- la vie.
chement, frappée par l'air qu'elle décompose,
en s'appropriant l'azote qui lui sert de base,
et en se stimulant par l'oxigène qui lui sert
d'éperon ; voilà la vie. Mais un troisième
agent, le sang, ou un fluide vital équiva-
lant, est encore indispensable. La lumière,
le calorique et le fluide électrique, qui ne
sont peut-être que le même agent modifié
par les divers organes, par les diverses matières qui les alimentent, les attirent, les
fixent; voilà, si je ne me trompe, les premiers agens, le trépied de la vie. Il y a
loin sans doute de ces agens intermédiaires
au principe vital ; il y a plus loin encore
des germes à ce dernier. Essayons cependant d'en approcher de plus près, et soyons

persuadés que si le microscope et la chymie parvenaient à doubler encore une fois leurs progrès , comme ils l'ont fait depuis Leuwenoeck, Priestley et Lavoisier, nous appercevrions un troisième monde , nouveau pour nous.

L'étude des petits animaux n'a pas moins été utile pour dissiper les nuages et les systêmes qui s'étaient élevés sur la reproduction des êtres vivans , sur la génération , que sur l'existence du cœur. On a cru d'abord la circulation essentielle, comme le concours des deux sexes pour l'existence , comme pour la reproduction des espèces. Trembley nous a appris qu'il existait des boutures , des moyens de multiplication , en coupant les branches des animaux comme celles des plantes. Reaumur, Bonnet et Spallanzani , nous ont appris aussi que le concours des sexes n'est pas toujours rigoureusement nécessaire pour la multiplication du puceron. Mais ces observations neuves et peu fréquentes ont fait peu de sensation. Sans prétendre ici qu'elles dérogent à la loi générale de l'organisation et de la reproduction animale , on peut au moins , dès-à-présent, les regarder comme des exceptions extrêmement utiles aux progrès des sciences et à ceux de l'esprit humain.

Lorsque Haller eut bien démontré l'irritabilité, la contractilité musculaire, on voulut la borner là, et l'on négligea la contractilité membraneuse et organique, les forces toniques de Staahl, parce qu'elles n'étaient qu'apperçues. Les uns voulurent les rapprocher, les confondre avec l'irritabilité ; d'autres, en méconnaissant l'une, faisaient oublier l'autre. Aujourd'hui Hunster et Bichat ont fait appercevoir la vie jusques dans les parties diverses des os les plus durs. La vie ne saurait exister sans mouvement ; le mouvement seul peut la défendre contre les agens physiques et destructeurs qui forment le cercle de la nature ; mais la vie est hors de notre portée, il ne nous est permis que d'en observer les effets.

La vie, enfin, réside donc dans la fibre humectée du fluide qui lui est propre (le sang ou la lymphe, ou une humeur qui les remplace), et dans le contact de l'oxigène et du feu qui la provoquent.

Le mouvement alors est essentiel à son existence, et le mouvement contractile, tonique ou locomotif, est ici l'antagoniste des mouvemens physiques et chimiques, qui consistent dans la gravitation, dans l'attraction et l'évaporation ou la décomposition.

Il est un point de contact peut-être entre les élémens de l'organisation vitale et la cristallisation des sels, des matières terreuses, métalliques, etc.; car l'oxigène qui, en réveillant les animaux et les plantes, accélère leur vitalité et leur durée, n'est pas moins présent à la formation des sels et des oxides. Mais ce point de contact ne pourra être apprécié que lorsque nous aurons examiné les végétaux, peut-être même que lorsque des progrès ultérieurs nous auront dégagés des obstacles qui nous empêchent dans ce moment de bien voir ce que nous ne faisons qu'appercevoir encore.

Le philosophe Anaxagoras, au rapport de Varron, *Ré*, *Rust*, lib. 1, c. xj, et Theophr, l. iij, c. xj, enseignait, il y a plus de deux mille trois cents ans, qu'il existe des semences de deux espèces, les unes visibles, apparentes, la graine que tout le monde connait ; l'autre invisible, que l'air transmet à la terre au moyen de l'eau. Etonnant apperçu d'un ancien philosophe, que les observations microscopiques sur les animaux et les plantes infiniment petites, suggéreront à tout observateur attentif et de bonne foi ! Vérité démontrée, qui fait voir des animaux et des plantes les boutures, les premiers rudimens, et exclut pour toujours le fantôme des molécules organiques, imaginé par un grand homme !

En observant l'eau au microscope, en cherchant à vérifier et à comparer les observations de Girod, Chantrans, avec celles de Decandolles, de Vaucher, de Spallanzani, Fontana, Muller, etc., j'ai appris à me défier de moi-même, des illusions microscopiques et de celles plus dangereuses encore, occasionnees par les écarts de l'imagination. J'ai noté, dessiné sur mes journaux les objets à mesure qu'ils se présentaient ; leur nombre et leur nouveauté, l'impossibilité de les rapporter souvent aux espèces déjà connues, m'ont étonné. Plein de vénération pour les hommes célèbres qui ont dirigé et soutenu mes travaux, je tremblais pour moi, lorsque je ne pouvais trouver auprès d'eux un appui, accorder leurs observations avec les miennes, que je suis obligé de renvoyer à d'autres tems.

CLASSES DES ANIMAUX.

Les Mammaires.

Les primats : *primates*. L. 82 esp.
Les brutes : *bruta*. L. . 23
Les carnivores : *feræ*. L. 145
Les loirs : *glyres*. L. . . 114
Les troupeaux, les rumi-
nans : *pecora*. L. . . 39
Les bêtes de somme : *bel-*
luæ. L. 13
Les cetacés ou baleines :
cetæ 15

431.

Report . . . . 431.

Les Oiseaux.

Les oiseaux de proie : *ac-*
  cipitres. L. . . . .132 esp.
Les pics ; *picæ.* L. . .520
Les canards : *anseres.* L. 419
Les ralles ou échassiers :
  grallæ. L. 370   2665.
Les galinacés : *gallinæ.* L. 120
Les moineaux : *passeres.* L. 964

Les Reptiles.

Les amphybies : *amphy-*
  biæ. L. . . . . . .148 esp·   368.
Les serpens : *serpentes.* L. 220
Les poissons : *pisces.* L. 837   837.
Les insectes : *insectæ.* L.   10,742.

Les Vers.

Testacés : *testaceæ.* L. 2528 esp.
  vermes. L. . 382
  zoophytæ. . 493   3594.
  infusorii . . 191

TOTAL. . . . . .18,637.

Cet apperçu ne présente point un e classification naturelle ; ce n'est que le tableau rapproché de Linné et de Gmelin ; Pallas, Millin, et sur-tout Cuvier, ont présenté de meilleures classifications ; mais leurs ouvrages étant moins complets, j'ai préféré de suivre ceux de Linné. L'encyclopédie et les ouvrages particuliers de Lacépède, Bloch, Lamarck, Bruguière, Latreille, Sonnini, etc., ont ajouté beaucoup d'espèces nouvelles. Mais dans les écoles centrales ou particulières on est obligé d'indiquer et de suivre une nomenclature uniforme pour les espèces. Celle de Linné étant la seule jusqu'à présent, il a fallu nous en contenter.

3.e Division. -- *Les Végétaux.*

LA botanique a pour objet l'étude des végétaux. Cette partie des sciences naturelles ne fut d'abord considérée que sous le rapport de la médecine, dont les plantes furent, dans le principe, l'unique ressource (1). L'art

---

(1) *Nunc vero Deorum fuisse eam apparet.* Plin. 27, prœm.

de

de guérir cependant avait plus d'étendue et bien d'autres moyens : la botanique aussi était susceptible d'autres applications.

Cette science est, sans contredit, la plus agréable, et peut-être aussi la plus immédiatement utile, des sciences naturelles. A ne la considérer que du côté de l'agrément, chacun croit rajeûnir aux approches du nouveau printems. L'apparition de nouvelles fleurs, que l'astre du jour fait éclore, en s'élevant de plus en plus sur l'horison, inspire une gaîté qui enchante, qui met en harmonie la nature entière ; les parterres émaillés de fleurs, le chant des oiseaux et leurs amours, en sont le signal. Un beau printems chasse la mélancolie de l'hiver, et sa brillante parure est le gage des fruits de l'été. Aussi, les oiseaux reviennent de leur émigration ; les œufs des insectes éclosent pour les nourrir ; plusieurs, enfouis, pour se soustraire aux rigueurs de l'hiver, sortent de leur retraite, et le papillon vole de tous côtés, promenant sa trompe de fleur en fleur, pour sucer leur nectar, tandis que par sa parure, il leur dispute les plus belles couleurs.

E

Ce spectacle ravissant fit l'admiration des poëtes, et fut le plus beau magasin de leurs fictions, comme la source des riantes images qui devaient orner leurs productions.

Les anciens qui ne possédaient pas comme nous l'art de se répandre par l'imprimerie et par le commerce; bornés à la tradition, aux hyéroglyphes, aux emblêmes, à l'écriture, ignorèrent, et les peuples de l'orient ignorent encore ces grands ressorts de l'émulation.

Les modernes, plus heureux, ont appliqué l'analyse et les ressources de l'industrie, aux sciences naturelles; et la botanique, après avoir été subjuguée par le préjugé sous l'empire de la médecine, lui a donné si non des lois, au moins les premières méthodes nosologiques qui l'ont illustrée et perfectionnée. Mais tandis que les autres sciences empruntent ses méthodes, tandis qu'elle se dépouille pour les alimenter, en leur fournissant des rémèdes et les autres matières premières, cette science, alliée de plus près à l'agriculture, aux arts et à la perfection de l'entendement humain, est parvenue au degré d'élévation qui convient à son objet et à la dignité de l'homme.

Sans la méthode, la botanique serait un cahos (1); la multitude de plantes qui couvrent la surface du globe, n'offrirait que le tableau de l'enthousiasme et de la confusion. Avec la méthode, au contraire, ce grand nombre de plantes entretient cette passion, ce feu nécessaire pour vaincre les grandes difficultés, par l'appas de la nouveauté sans cesse renaissante, qui est seule capable d'alimenter la curiosité ; mais elle se renouvelle par l'esprit humain, comme la physionomie des individus, de l'espèce humaine.

Parmi une foule de méthodes savantes, nous devons nous borner aux trois principales : la méthode de Tournefort, le systême de Linné, et la méthode naturelle des Jussieu.

La première, la méthode de Tournefort, est fondée sur la corolle.

Le systême de Linné est établi sur la pré-

----

(1) *Filum ariadneum Botanices est systema sine quo Chaos est res herbaria.* Linn., philos., Bot., §. 156.

sence ou l'occultation des étamines, considé-
rées relativement à leur nombre , leur figure,
leur proportion et leur situation respective
et relative au pistil.

La méthode naturelle , fondée par Cæsal-
pin, apperçue par Gesner, par J. Bauhin, cul-
tivée par Rai , Morison, Haller, Van - Royen,
Bernard Jussieu, Adanson, Guettard, Sco-
poli, etc. , perfectionnée par L. Jussieu et par
Ventenat, paraît être le *nec plus ultrà* de
la science; elle fut aussi l'objet des vœux les
plus chers des plus savans botanistes, sans
excepter Linné. Mais cette méthode, fondée sur l'ensemble des caractères disséminés,
variés , comme les parties des plantes, comme
tous les ouvrages de la nature, n'est pas à
portée des commençans. Elle suppose des
connaissances préliminaires et solides , même
étendues ; comme toutes les sciences exactes, elle est remplie d'abstractions , elle
exige une étude suivie et des contentions
d'esprit, peu compatibles avec le goût des
commençans. Elle fait parcourir enfin, le
cercle entier de toutes les parties de la végétation ; elle suppose donc des connais-

sances ; elle n'est donc pas la méthode facile qui convient aux élèves.

La corolle , cette partie brillante , la plus apparente de la fleur ; celle qui, aux yeux du public , constitue la fleur même , n'est qu'une dépendance des étamines et des pistils. Mais la corolle que Linné compare au lit nuptial, fixera toujours l'attention des curieux et des novices. C'est là , en effet, que se prononcent les traits de la physionomie des plantes, comme le caractère sur la physionomie des hommes, aux approches de l'adolescence et de la virilité.

Il faut donc commencer la botanique par la méthode de Tournefort ; mais on ne peut l'approfondir qu'avec les ouvrages de Linné ; comme on ne peut la perfectionner sans Jussieu, Gœrtner , etc.

Qu'il me soit permis de signaler ici les difficultés que présentent ces trois systèmes. Je n'entends pas les critiquer, bien moins encore leurs auteurs ; leur réputation est faite, leur gloire est au-dessus de tout éloge et de toute critique.

La méthode de Tournefort sépare les ar-

bres des plantes herbacées ; dans plusieurs
genres , il se rencontre des unes et des autres. Cette méthode présente une quinzième
classe trop nombreuse , celle des apetales ;
enfin, il y a bien peu de fleurs rigoureusement monopetales ; dans le plus grand nombre , les petales sont réunis par leur base ,
sur un cercle, un bourlet glanduleux, sur un
réceptacle ; souvent les petales remontent ,
se replient sur eux-mêmes pour former un
tube commun aux étamines, comme dans
toutes les malvacées, les monadelphes, etc.

Le systême de Linné sépare les *carex*
des *scirpes* , les *holcus* des avoines , les an-
dropogon des dactylon , genres qui ont un
si grand rapport , qu'on en confond facilement
les espèces. D'ailleurs , les sexes comme
les petales varient dans le même genre , selon
le climat , la saison, selon les espèces.

La méthode naturelle laisse des plantes
hors de rang , qui n'entrent dans aucune
famille. Ses plus habiles comme ses plus zélés
partisans , ne s'accordent pas toujours ; enfin
elle exige la connaissance des cotyledon , du
corculum ou germe ; l'analyse de la fleur ,

la position médiate ou immédiate des étamines, et celle des graines en même tems. Or, comme le développement de ces diverses parties est successif, comme on ne peut voir ni les cotyledons, ni la graine en même tems que la fleur, il s'ensuit que les élèves, peu patients, se dégoûtent de ces attentes, de ces abstractions.

Nous conclurons: que la méthode de Tournefort est celle des commençans;

Que le systéme de Linné est la méthode des botanistes qui veulent connaître toutes les plantes, et faire des progrès rapides;

Que la méthode naturelle est celle des philosophes, des botanistes consommés, de ceux qui, moins jaloux de parcourir l'étendue des productions de la végétation, quant aux espèces, que d'approfondir les rapports des groupes, des familles, des genres et leurs liaisons entr'eux, avec la physiologie végétale, avec les autres corps naturels, les animaux et les corps brutes inorganiques, avec la physique.

Le 23 messidor an 10, je recueillis de l'eau de pluie au milieu d'un vaste jardin, dans un grand vase de terre , neuf et lavé deux fois avec la même eau de pluie , auparavant. J'eus soin encore de la filtrer à travers un papier neuf , au moyen d'un entonnoir de verre , et je la reçus dans une phiole neuve , de verre mince , que je bouchai bien , et la renversai sur son bouchon , exposée au jour , remplie aux deux tiers , près de la fenêtre de mon cabinet , therm. R. 18.°

Le 28 , parurent quelques *monas ;* les volvox *pilula* et v. *globulus* de Muller , mais en petit nombre ; ces animalcules existaient au contraire en très-grand nombre , dans la même eau , mise en réserve dans un verre simplement couvert d'une lame de verre. Ceux de la bouteille , exposés à l'air , ont disparu à l'instant , et ils n'ont pas reparu , non plus que dans la bouteille.

En général , ces animalcules se succèdent , se renouvellent , mais vivent très-peu de jours et sont bien rarement les mêmes. La moindre goûte d'acide muriatique , d'eau salée , de vin , d'esprit-de-vin , de vinaigre , d'urine , de salive , les fait périr à l'instant. L'eau

pure et l'eau distillée les affaiblissent, ral-
lentissent leurs mouvemens sans les faire
périr. L'eau salée offre une particularité qui
confirme les observations de Rumfort et de
Saussure; elle prouve que l'eau salée ne se
mêle pas à l'instant dans l'eau douce. En
prenant avec une plume neuve, de l'eau
salée, et touchant la goutte d'eau qui est sur
le porte-objet du microscope, les animalcules périssent à l'instant dans ce point, tandis
qu'ils roulent gaiement tout autour, pendant
plusieurs minutes, et même jusques à ce
que l'évaporation de la goutte les colle au
verre, que le manque d'eau les fasse périr.

Le 27 thermidor, trente-quatre jours après,
therm., 18.°, R., j'ai commencé d'appercevoir des points verts près de la surface de l'eau
de pluie, dans la bouteille renversée; je me
suis empressé de les exposer au microscope;
j'ai placé à côté des globules de mon sang.
Ces points ou globules verts m'ont paru de
même volume, c'est-à-dire, ayant $\frac{1}{500}$ de
ligne environ de diamètre.

Le 29 thermidor, les globules verts avaient
commencé à se ranger par séries, par lignes,

dontquelques-unes avaient déjà une tendance
à se ramifier. Dans les intervales de ces lignes,
ou séries de globules, étaient disséminés des
flocons vert-pâle , qui sont, ou les rudimens
moins avancés de la conferve , ou ce qui
paraît plus probable , une autre substance ,
une autre conferve.

Ces deux rudimens qui, deux jours auparavant , n'étaient que des points verts , étaient
ce jour-là une végétation commençante. Ils
ne paraissaient dans la bouteille que du côté
du jour , au niveau de l'eau d'abord , ensuite
deux lignes au-dessous de sa surface , et successivement deux lignes au-dessus. Plus haut
étaient des globules blancs , peu laiteux ;
plus haut encore étaient des goutelettes d'eau
vaporisées , attachées aux parois de la bouteille , bien aisées à distinguer , étant plus
grosses , inégales , applaties et irrégulières.

Le 30 thermidor, je vis de nouveau ma
conferve s'organiser presque sous mes yeux !
les flocons verts projettaient çà et là des séries de globules par lignes , en forme de
dendrites. Je revis au-dessus les points blancs ,
les ébauches gélatineuses que la nature pré-

pare et qui se colorent en vert deux jours
après ; viennent enfin quelques rayons inégaux ; enfin , des branches de conferve ob-
tuses, moniliformes , par grains de chapelet ,
par simples séries qui n'excèdent guères le
diamètre des globules de mon sang. Ces séries ne se doublent pas , elles restent simples , et ces globules ne sont guères plus
gros que ceux qui précédent la décomposition
des *conferva rivularis* de Vaucher, pl. X , p. 92.

Cette conferve , au reste , n'est pas la
seule , à séries simples , composée d'un seul
rang de globules ; j'en ai observé une autre
très-voisine de la C. Batrachosperme T. XII,
f. 2 et 3 de Vaucher, parasyte et onctueuse
aussi , mais dont les rameaux sont obtus et
non en filet à leur extrémité. Elles sont par
pelotons , l'une et l'autre , dans l'eau de
source , accompagnées de globules visqueux
qui m'ont paru une autre production.

J'ai fait voir à M. Flugge, savant naturaliste de Hambourg, ma nouvelle conferve ;
il a cru qu'elle était la C. infusionum de
Schranck; Gmel, syst. II 1394 , et je l'ai fait
graver sous ce nom. Fig. 4 , I , K , L l , M.

C'est moins les espèces qu'il s'agit ici de constater, que d'une manière tout-à-fait nouvelle ou au moins bien extraordinaire de voir naître des plantes.

Dans une bouteille semblable de verre mince, remplie aux deux tiers d'eau distillée, rincée auparavant, et renversée sur son bouchon, j'ai vu naître, au bout de trois mois et demi, une algue membraneuse en rezeau; verte, cordiforme, ayant en dessous des radicules blanches non articulées. Comme j'ai parlé de cette plante dans un mémoire adressé à un membre de l'institut, je ne répéterai pas dans celui-ci ce que j'ai dit ailleurs. Mais depuis cette époque, j'ai cru reconnaître dans cette algue la Riccia *natans* L. web. 174. Pollich. III, 319. Dill. Muscor. 136. T. 78, quoique très-petite, la plante n'ayant que demi-ligne sur une ligne de long.

II.ᵉ OBSERVATION.

Autre conferve née dans l'eau dis-tillée.

Obligé de transvaser l'eau distillée dans laquelle avait paru la *Riccia natans* L. dont je viens de parler, (c'était vers la fin de l'an 10) je rinçai avec cette eau la bouteille où était née et où avait péri la *conferva infusionum* ci-dessus, mais sans néanmoins détacher les squelettes jaunes articulés, ni les flocons verts, adhérens aux parois de la bouteille, qui restaient. Mon objet était d'observer si, de ces débris, reviendraient les mêmes conferves, les mêmes flocons; cela n'arriva pas.

Le 4 ventôse an 11, j'apperçus quelques mollécules vertes, vers le fond de la bouteille renversée.

Le 8 ventôse, c'est-à-dire, cinq mois et huit jours après, une nouvelle conferve vint succéder à la première. Je vis des globules ou points verts, isolés; d'autres pâles, non encore colorés; enfin, des pinceaux de fils blancs, très-fins, que j'ai tâché de représenter fig. 5, lettre O. Les jours suivans, ces filets parurent articulés à leur base, un peu verdâtres, toujours terminés en pointe et blancs; plus minces, de près de moitié que les globules qui leur servaient de base, et que ceux de la conferve des infusions, car ils sont vus ici avec une lentille de 2 lignes $^1/_2$ de foyer, qui grossit 3oo fois les diamètres, et avec une lentille d'une ligne qui grossit 4oo fois les diamètres.

Je ne parlerai point des autres caractères de ces conferves; elles n'ont pas changé de forme, et elles n'ont pris que très peu d'accroissement; leurs filets seulement se sont multipliés, entrelassés, confondus, au point de couvrir tout l'intérieur de la bouteille du côté du jour; lorsque j'ai tourné la bouteille dans un autre sens, les conferves se sont étendues et multipliées, toujours en suivant l'aspect de la lumière.

J'ai vu quelques vers microscopiques, l'un entr'autres, que je nomme enchelis *digaster*, et qui, fixé par son extrémité postérieure, tourne par des mouvemens de demi-rotation, son double ventre, comme une sang-sue; il habitait parmi ces deux conferves; je l'ai vu ailleurs, aussi dans d'autres infusions. J'ai vu nombre d'autres animalcules, mais je n'en ai vu aucun dans l'intérieur des conferves; je n'en ai pas vu non plus les ronger, s'en nourrir extérieurement. Toujours, les conferves plus ou moins nombreuses, toujours les animalcules, bien plus nombreux encore, qui les précèdent, les accompagnent ou leur succèdent, sont indépendants très-certainement les uns des autres.

Les plantes et les animalcules microscopiques sont si nombreux, que parmi environ vingt à trente espèces des premières, et environ cinquante des seconds, je n'en ai pu rapporter seulement la moitié aux espèces connues. Muller est peut-être le seul auteur, vraiment original, qui les ait bien observés comme naturaliste. Les autres auteurs sont partiels, ou seulement curieux et amateurs. Vaucher a très-bien vu les conferves des environs de Genève.

Nous sommes peu familiarisés avec le microscope; Lyonet, Ellis et Spallanzani n'ont employé que le micr. simple. C'est le plus clair, le moins exposé aux iris, aux illusions des ombres et de la lumière. Mais le micr. simple ne grossit que cent ou tout au plus deux cents fois les diamètres, tandis que le micr. composé grossit aisément trois cents et quatre cents fois, même jusques à huit cents fois les diamètres. J'ai fait usage de l'un et de l'autre pour les mêmes objets. C'est le moyen de voir des grossissemens progressifs, et les objets se développer, pour ainsi dire, sous les yeux de l'observateur.

J'ai donné le nom de *conferva oxigona*, à cause de ses divisions par angles aigus, à cette dernière fig. 5, O, P, j'ignore si elle a été connue, décrite ou gravée quelque part. L'objet de ce mémoire, je l'ai déjà observé, est de fixer un moment l'attention des observateurs, sur la manière de naître de ces conferves et de quelques animaux microscopiques, mais non l'objet des espèces.

Il m'a paru que des atomes invisibles, analogues aux boutures des plantes, flottans dans l'air, étaient transmis à l'eau, s'y fixaient, s'y développaient ; que tandis que ces boutures prenaient ainsi du volume et de l'accroissement, elles décomposaient l'eau et l'air, s'appropriant leurs bases, tandis que l'oxigène les stimule, les provoque à la vie, avec le secours de la lumière et du calorique. Ce dernier cependant peut varier pour la même espèce, sans pour cela, que la vie cesse par une chaleur moindre. Car l'oscillatoire d'A-

danson,

d'Adanson, mém. de l'acad., 1767, p. 564-
572, pl. 19, que Scherer et de Saussure (Jacq.
Collectan. vol. I, p. 171, tab. V, mém. de
Berlin, 1752, Vaucher, 166-194) ont vu
végéter dans les eaux thermales de Toplitz
et d'Aix Mont-Blanc, à 50.° et à 30.° R.,
végète également dans nos fossés, en été,
à 15.° de température. Ses mouvemens latéraux, progressifs et rétrogrades que j'ai bien
observés au jour et à la lumière, ont fait
croire à M. Vaucher, à Scherer, à Girod-
Chantrans, etc., qu'elle appartenait aux animaux. Adanson, L. C., en 1759, époque
où les opinions de Needham et Buffon, sur les
prétendus mouvemens des molécules organiques, avaient frappé et ébranlé l'opinion des
naturalistes, ne fut pas égaré. Ce savant est le
premier qui a vu à la loupe cette étonnante
tremelle (acad. 565); il est le premier aussi
qui en a observé les dimensions qu'il estime
la treizième partie d'un cheveu ordinaire, ou
un trois cent quatre-vingt-dixième de ligne
environ. Je l'ai trouvée égale à un fil moyen
de toile d'araignée qui, selon Pictet (voyage
de trois mois en Angleterre, 302), est estimé

un quatre centième de ligne. Un fil de soie est double ; j'ai vu des conferves bien plus fines encore que la toile d'araignée. Vaucher, p. 197, en a vu qui n'ont que la six centième partie d'une ligne, et cet excellent observateur donne à celles-ci les mêmes dimensions qu'Adanson et moi.

Malgré toute la vénération qu'inspirent les observations de Vaucher, il attribue cette conferve aux animaux ; je ne peux être de son avis, je ne pense pas même, avec Adanson, que ce soit un être mixte. Nous sommes loin encore des limites de la nature qui rapprochent les deux règnes. Quant à ses mouvemens, ils sont visibles et très-apparens au microscope, mais ils sont grossis trois ou quatre cents fois ; ils n'approchent pas encore, ni de la célérité, ni de l'espace que parcourent les folioles de la sensitive ; ils sont spontanés, cela est vrai ; mais ceux de l'*hedysarum gyrans* le sont aussi. Ils ont lieu à la lumière, quelquefois ils sont rétrogrades, ses filets reculent, se raccourcissent, tandis que plus souvent ils s'allongent et que sans cesse ils se croisent par des mouvemens latéraux , à droite et à gauche. Malgré tous ces caractères, c'est une conferve ; ses filets verts , un peu coniques à leur extrémité , ont des articulations égales entr'elles et à-peu-près égales au diamètre du filet ; ils donnent des bulles d'oxigène à la lumière selon Scherer ; je les ai vues s'élever en très-grand nombre , mais je ne les ai pas analysées. L'accroissement de cette conferve est si prompt, que je l'ai vue dans une nuit, s'élever à deux pouces et demi, tapisser tout le côté du jour d'une phiole à médecine. Dillenius n'avait pas laissé échapper cette petite plante, et s'il ne l'a pas gravée, il l'a signalée par cette phrase *conferva tenerrima aquarum limo innascens.* Hist. muscor. 15 n. 5 * ; elle vient donc en Angleterre comme aux environs de Grenoble , non à la surface des eaux d'un cours lent, ni aux parois des conduits des eaux plus rapides, mais attachée au limon des eaux tièdes et croupissantes exposées au soleil et à la poussiere , le long des routes.

Je ne chercherai pas à justifier mon opinion différente de celle de Vaucher ; je la lui ai soumise crainte de me tromper ; j'en écrivis aussi à Draparnaud, que les sciences naturelles regrettent, et que nous venons de perdre. Il partageait mon opinion ; la couleur verte est aussi naturelle, aussi générale aux plantes, que la couleur vermeille des roses, aux animaux. Les byssus, les moisissures, les champignons, plusieurs lichens n'ont pas la couleur verte ; mais ce sont peut-être là les limites du règne végétal, ce sont du moins des plantes inférieures aux conferves.

J'ai vu, il est vrai, des monas verts qui ont trompé Ingen-Houss., nouvell. exper., phys. II, p. 7 à 126, et qui peut-être font partie de la matière verte de Priestley et Senebier, mém. phys. sur la lum. II, p. 1 et 50. Mais ils sont libres, flottans dans le verre sans s'y attacher ; ils préfèrent le côté d'où vient la lumière, et lorsqu'on retourne le verre, au lieu d'aller la retrouver par la surface, ils se laissent aller, ils plongent à fond, disparaissent pour aller ressortir un à un, se ranger par lignes du côté du jour. Je les ai estimés un cent cinquantième de ligne, et Ingen-Houss, un cent soixantième ; rapprochement qui joint à la couleur verte, assez rare chez les animaux microscopiques et à leur figure ovoïde, me fait croire que j'ai rencontré la même espèce.

Je finis cet extrait: ce n'est qu'une esquisse très-imparfaite de mes observations. Si j'ai cru appercevoir les premiers rudimens de la végétation et de l'animalisation, ce n'est pas un systême, ce ne sont que quelques observations détachées de mes journaux, que j'offre au public. L'histoire naturelle, aujourd'hui, est parvenue à un degré de précision et de perfection, qu'il est tems enfin de revoir, de bien voir et d'étendre nos recherches sur les infiniment petits des deux règnes. Le délire, la fureur des systêmes, a fait place enfin au desir d'observer. Méfions-nous, dit Cuvier, de ceux qui expliquent sans cesse et observent peu; ceux qui observent et n'expliquent rien, méritent bien plus de confiance.

Explication des Figures.

Fig. 1. Naïs *oculata* : A vue à un grossissement de soixante fois les diamètres.

B. Sa tête retractile.

A a. Le même ver vivant et mort raccorni , vu de côté , ses soies en dessous.

2. Naïs *distoma* . C. entière , même grossissement.

D. Tronçon du même ver coupé , ayant repris deux anneaux ou articulations.

3. E. Les œufs du *bulinus minimus* , dans une gelée reniforme de grandeur naturelle , attachée aux plantes dans l'eau.

F. L'un de ces œufs , grossi soixante fois les diam. , entouré d'un *albumen* gelatineux , présentant des points brillans micacés , dans un mouvement de gyration continuelle.

G. L'animal dans sa coquille , ses yeux , sa bouche , en devant , son cœur entouré d'une vessie aërienne vers le milieu de son corps , à droite. H. Coquille nue , vue en dessous.

4. Conferva *infusionum* Schr. ? Avec ses développemens et ses premiers rudimens. I, K, grossiss. deux cent fois les diamètres. L. L. Flocons vert-pâle , interposés et radiés parmi les rameaux de cette conferye.

M. Deux de ces flocons grossis six cent fois les diam.

5. Conferva *oxigona*. N. Ses premiers rudimens transpar.

O. Globules verts , avec un commencement de végétation en filets pointus , blancs , demi-transparens , sans aucune articulation visible à un grossissement de trois cent fois les diamètres.

P. Même conferve plus avancée , commençant à se ramifier.

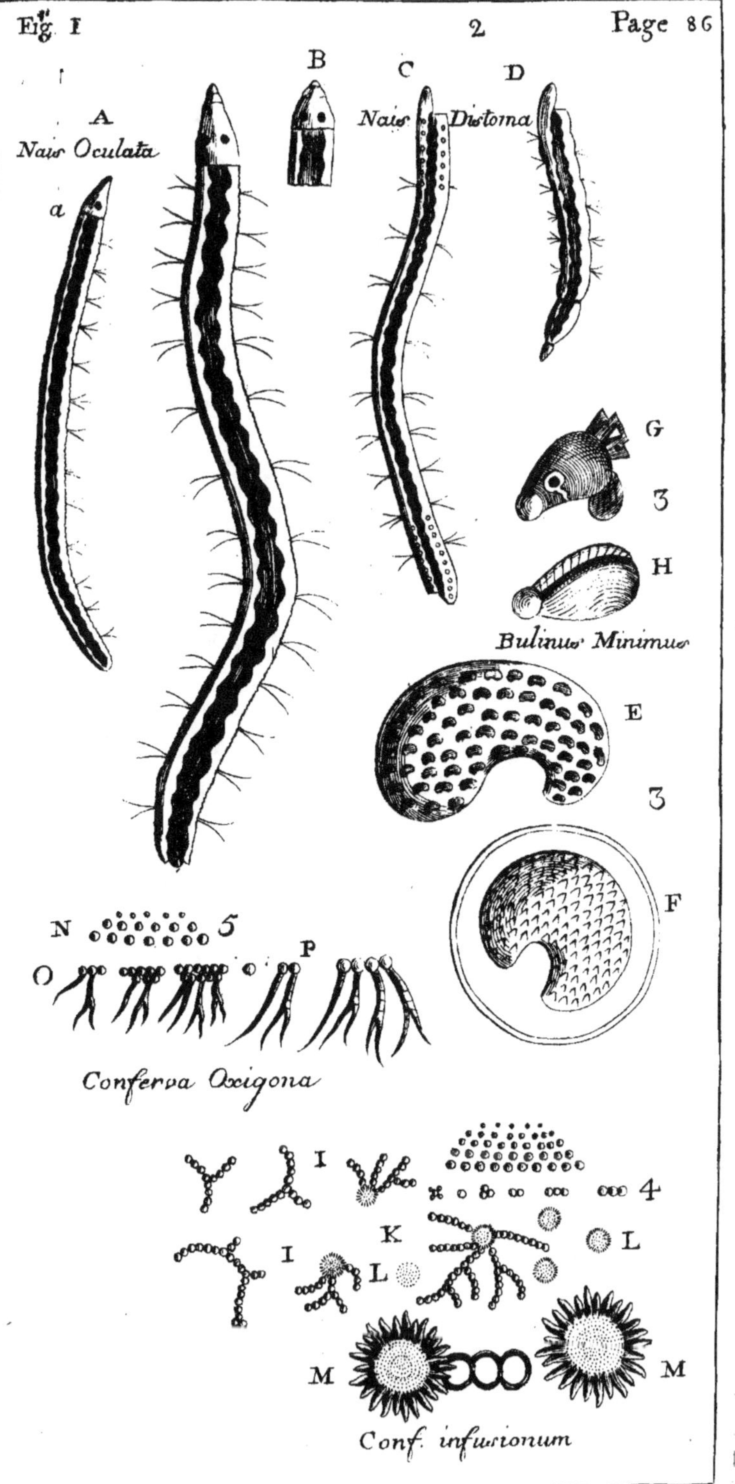

Fig. 1
2
Page 86
B
C
D
A
Nais Oculata
Nais Distoma
a
G
3
H
Bulinus Minimus
E
3
N 5
F
O P
Conferva Oxigona
I
4
K
I L
L
M M
Conf. infusionum

Après avoir exposé, d'après mes faibles conceptions, mon avis concernant les méthodes les plus célèbres comme les plus utiles ; méthodes dont j'ai fait l'analyse, la démonstration et l'application dans chaque cours, je vais passer à d'autres considérations.

Pour bien enseigner, il faut que le professeur se rende clair et intelligible aux commençans, sans ennuyer ceux qui sont plus instruits, sans faire perdre du tems aux amateurs, aux savans même qui suivent quelquefois son cours. Ces deux qualités extrêmes sont difficiles à rapprocher et à concilier. Tel est le double écueil, cependant, au milieu duquel nous sommes obligés de marcher.

Après avoir considéré les plantes, les arbres, leurs fleurs et les diverses méthodes les plus convenables à les faire connaître, j'ai fini cet apperçu par quelques observations particulières sur les plantes microscopiques, sur les premiers atomes de la végétation, sur les infiniment petits du règne végétal.

L'ouvrage du cit. Girod-Chantrans, sur les conferves, m'ayant engagé à suivre quelques expériences de détail sur ces plantules, sur les animalcules qui les précèdent, les accompagnent, ou qui suivent leur décomposition, je devais parler de quelques espèces des plus singulières, en attendant d'autres expériences, et des occasions favorables à publier mes nombreuses observations à ce sujet.

J'ai eu des relations avec cet estimable auteur, avec Senebier, Vaucher, Ventenat, Decandole et Draparnaud, tous bien en état d'éclaircir mes doutes, car tous m'avaient précédé dans cette minutieuse et intéressante carriere. L'habitude de voir, d'observer des plantes et d'en étudier les espèces, depuis quarante ans, me donnait quelque facilité et quelque confiance dans mes observations. Pour un commençant tout paraît nouveau, tout paraît merveilleux; à un âge avancé, le naturaliste secoue sans peine le goût du merveilleux, et il ne lui reste que l'amour du vrai, que le souvenir de ses anciennes et innocentes habitudes, que le desir de conserver la paix avec lui-même, avec ses confrères, celui d'être utile encore aux sciences et aux hommes.

II.ᵉ MÉMOIRE.

OBSERVATIONS

MICROSCOPIQUES

Sur les Globules du sang, sur la Fibrine, sur les Fibres musculaires et aponévrotiques.

OBSERVATIONS MICROSCOPIQUES;

Sur les globules du sang, sur la fibrine, sur les fibres musculaires et aponévrotiques.

> Les observations microscopiques seront pour les sciences naturelles comme l'analyse des infinimens petits a été pour la géométrie. Lettre au conseiller d'état Fourcroy, du 7 nivôse an 12.

LES globules du sang humain, observés par Leuwenoeck il y a plus d'un siècle, ont été vus par Lieberkhun, par Baker, par Haller, par Leder-Muller, mais sur-tout par Spallanzani. D'autres observateurs, Weiss, Della-Torre (1), et plusieurs savans modernes, ont ajouté leurs travaux à ceux de leurs prédécesseurs. Comment se peut-il que des écrivains célèbres et des physiologistes aient tout, récemment nié la forme et jusques à l'existence de ces globules ?

____

(1) Halleri epistol. vol. IV, p. 240 et suiv.

La chimie moderne a consigné ses brillantes conquêtes dans le 9.e et 10.e volume
de Fourcroy, sur les productions animales :
la nouvelle science a analysé le sang et ses
accessoires ; je vais tâcher de suivre la nature dans sa composition. La synthèse microscopique nous offrira sans doute quelques
rapprochemens entre les globules, la fibrine
et les autres parties du sang. Les globules
sont lourds, pesans, colorés et se précipitent au fond des liquides : la fibrine blanche,
légère et poreuse, surnage souvent. Les fibres
musculaires, les aponevroses, le tissu cellu-
laire, les membranes et la peau, sont formés
ou du moins alimentés par le sang. Mais il
est prouvé par les expériences de Fontana, et
déjà par les observations d'Hippocrate, que
le sang contient le principe de la vie. En se
décomposant spontanément, il paraît que le
sang décompose à son tour l'air qui le frappe
et l'eau qu'il contient. L'azote abondant dans
l'atmosphère, paraît se transformer en fibrine,
tandis que l'oxigène qui abonde dans l'eau
oxide le fer, durcit l'albumine, la gélatine,
etc. Sous tous ces rapports, il devenait inté-

ressant de soumettre le sang à de nouveaux examens.

Leuwenoeck ne se servit que de microscopes simples pour ses observations. Il ne connut pas , à ce qu'il paraît, les moyens d'observer les globules du sang dans les poissons vivans , dans les salamandres , dans les grenouilles , dans leurs tetards , etc. Il faisait entrer le sang dans des tubes de verre , et observait ainsi ce fluide vital dans des tubes vuides , réchauffés , dont l'air raréfié , en se condensant , faisait entrer le sang. Il crut voir six globules agglomerés plus petits et lymphatiques , composant un globule ordinaire ; ce fut une illusion , une erreur sans doute , car , malgré le respect inspiré par tant d'autres observations exactes et difficiles , les observateurs , après Leuwenoeck , n'ont pu voir que des globules simples , sphériques dans l'homme et les animaux à sang chaud ; elliptiques , plus grands et lenticulaires dans les ovipares , dans les serpens , les poissons , les lezards , les grenouilles , les tetards , etc., ainsi que je l'exposerai dans ce mémoire.

Il paraît que les physiciens n'ont pas été

assez patiens à continuer et à répéter leurs observations , et ils ont aussi trop négligé de se familiariser avec le microscope. C'est un instrument délicat , difficile à manier , et sur-tout à employer avec facilité. Il faut être familier aussi avec les règles de l'optique , avec les phénomènes de la lumière , et sur-tout bien connaître le mécanisme de l'œil et la construction de l'instrument dont on se sert.

Descript.
du micr. J'ai fait usage du microscope simple de Lyonet, décrit dans les actes de Harlem et dans l'ouvrage de Spallanzani sur la circulation (1) , traduit en français par le professeur Tourde ; ce microscope est le plus facile de tous ceux que j'ai pu connaître ; Spallanzani n'en a pas voulu employer d'autre dans l'ouvrage que je viens de citer ; mais j'ai constaté , dès les premiers pas que j'ai faits dans cette carrière , que le microscope simple, quelque bon qu'il soit , et quelque habitude que l'on ait acquise dans l'art d'observer et de manier cet instrument , est insuffisant dans

____

(1) Expér. sur la circulation 8.° Paris , l'an viij.

plusieurs cas. Spallanzani en offre la preuve, sa sagacité est connue; nul observateur n'a été plus en garde contre l'erreur, plus inventif dans les procédés, plus fécond en découvertes. Cependant, il parle de la circulation du sang dans le germe du poulet pendant l'incubation; de la circulation dans les salamandres et les tetards; des globules du sang, de leur forme et de leur volume dans les vaisseaux et hors des vaisseaux, sans s'arrêter à leur différence de volume et de diamètre; preuve incontestable que le microscope dont il s'est servi, ne grossissait pas assez, car il n'aurait pu dire que les globules sont les mêmes, dedans et hors des vaisseaux ouverts, sortant du mezentère, de la Salamandre (1), etc.

J'ai donc adapté à la boëte de Lyonet, un microscope composé, fait par Rochette de Paris. Fatigué par les tâtonemens et les préparations qu'exige l'instrument, pour disposer le miroir, le porte-objet et l'objet à examiner, j'ai rendu le plateau ou potence

------

(1) Ouvrage cité, page 173, expér. 65 et 66.

de Lyonet , mobile , ainsi que le microscope,
de droite à gauche , en avant, en haut et
en bas , au moyen d'un pivot pour le plateau , d'un autre pivot pour le microscope,
et d'une vis de rappel. Voici une autre facilité ou correction ; trois tuyaux de cuivre se
recevant mutuellement comme pour une lu-
nette astronomique , ayant environ 70 millim.
(2 p. $^1/_2$) chacun ; l'un pour la lentille ou
l'objectif ; le second, pour le verre moyen
du microscope; et le troisième , pour rece-
voir les oculaires. Je peux , par ces tuyaux,
allonger le microscope jusqu'à 0,240 (8 pouc.)
ou environ ; retrancher le verre moyen au
besoin, réduire à 0,080, ou à 3 pouces la
longueur du tube , lorsque j'ai besoin de réu-
nir une forte lumière , au plus fort grossissement possible.

Les artistes , en faisant les microscopes,
sont obligés de marcher entre deux écueils ;
une plus grande longueur donne un grossissement proportionné , la longueur étant divi-
sée par le foyer de l'objectif ou de la lentille , tandis que la clarté diminuant comme
le quarré des distances, les objets ou leurs
images

images sont d'autant plus gros et plus obscurs, qu'ils sont plus éloignés : et d'autant
plus clairs et moins grossis, qu'ils sont plus
rapprochés ; le *maximum* est donc 7 p. $^2/_2$,
et le *minimum*, 3 pouces, pour la longueur
du microscope composé.

Quant aux lentilles, elles sont toutes trop
larges, elles ont trop de champ ou de surface. Celles de Dollond seules approchent
de la perfection ; voici en quoi elle consiste.
Pour qu'une loupe, une lentille, un verre
microscopique, quelconque soient bons, ils
doivent être le plus minces et le plus convexes possibles ; c'est-à-dire, faits non de deux
hémisphères, mais de deux segmens de sphère
très-minces. En un mot, pour être bonne,
une lentille ne doit avoir, de champ ou de
surface, que le tiers, le quart même s'il est
possible, de la longueur de son foyer. La
raison en est sensible ; il se perd plus de lumière à proportion de l'épaisseur du verre,
tandis que le grossissement dépend de la convexité seule des surfaces, et non de leur
éloignement entr'elles. Il n'en est pas de
même de la combustion ; la chaleur, au foyer,

G

dépend de la largeur des verres , des larges
surfaces des lentilles. Tandis que les rayons
lumineux et grossissans , sont près de l'axe ,
les caustiques qui brûlent sont près de la
circonférence et éloignées de l'axe.

Une autre observation concernant le micr.
composé, c'est l'ouverture laissée à la lumière
sur la lentille. Pour le micr. simple, elle est
arbitraire, notre pupille, en se resserrant ou
se dilatant plus ou moins , à raison du plus
ou moins de clarté, se proportionne à la
netteté de l'image qui se peint dans le fond
de notre œil , en remplit les fonctions. Il
n'en est pas ainsi du micr. composé; cet instrument, comme notre œil , fait la fonction
d'une chambre obscure ; pour cet effet, il
doit pénétrer assez de lumière pour éclairer
l'image dans le microscope, mais non pas
trop pour éclairer les parois de la chambre
obscure , ce qui rendrait l'image confuse.
C'est ce qui arrive , en été sur-tout , lorsque
nous voulons fixer un objet trop voisin du
soleil ; ses rayons, alors , éclairent le fond de
notre œil autour de l'image , la rendent confuse et irritent la retine , fatiguent les yeux.

Cette ouverture, ce diaphragme qui ne doit laisser libre qu'un diamètre de demi ligne pour les lentilles de quatre lignes de foyer, et au-dessus; qu'un tiers ou même un quart de ligne de diamètre, pour les lentilles dont le foyer est au-dessous de quatre lignes, doit être placée derrière la lentille et non devant, du côté de la lumière. Notre pupille, cependant, est placée en devant et non derrière la lentille du cristallin de l'œil. Mais notre pupille est mobile, susceptible de dilatation ou de retrécissement. D'ailleurs, la cornée transparente et l'humeur aqueuse sont en devant de la pupille, pour tenir lieu de verre achromatique. L'étude de l'œil a appris à Euler à construire et à perfectionner les lunettes achromatiques, mais nous n'avons pu encore connaître ni apprécier assez la structure merveilleuse de cet organe, pour oser croire que nous en connaissons tout le mécanisme, toute la perfection. L'expérience m'a appris que les lentilles microscopiques dont le diaphragme ou l'ouverture est placée en devant, du côté externe ou de la lumière, font moins d'effet que lorsque le diaphragme ou pupille artificielle est placée derrière la lentille, du côté du microscope. Le savant et habile Dollond n'ignorait pas ces avantages; trois excellens microscopes, de sa composition, que j'ai eu sous la main, étaient ainsi construits, tandis que tous ceux de Paris que j'ai vus, ceux de Dellebarre même, ont l'ouverture de la lentille, du côté de la lumière et en dehors de la lentille.

Il serait superflu, puérile même, de s'arrêter plus long-tems sur le mécanisme et sur l'usage des microscopes; je n'en ai signalé les avantages et les inconvéniens les plus apparens, que pour mettre les lecteurs à portée de juger du degré de confiance que méritent les observations qui vont suivre, concernant les globules du sang.

Si l'on met une goutelette de sang sur le verre du porte-objet d'un microscope, on voit les globules d'autant plus distinctément, que la goutelette est plus petite, écartée vers les bords, délayée dans un peu d'eau, du lait ou autre liquide. Pour les appercevoir au micr. simple, il faut une lentille de deux lignes de foyer : au micr. composé, une len-

tille de dix lignes les fait voir aussi gros,
mais moins distinctément.

Leur diamètre paraît, avec ces mêmes
lentilles, avoir un dixième de ligne environ;
or, elles grossissent cinquante fois les diam.,
donc les globules du sang ont environ un
cinq centième de ligne de diamètre, ou
0,000222.

Une autre manière de les mesurer est
celle-ci; j'ai observé que le foyer visible de
chaque verre lenticulaire, depuis la loupe
du palais royal, qui a plus de dix pieds de
foyer, jusques aux plus petites lentilles qui
n'ont qu'un millimètre de foyer, est toujours
une sphère dont le diamètre a pour mesure
la dixième partie de la longueur du foyer.
Or, en prenant une lentille de demi-ligne
de foyer, et fixant les globules, on en compte
vingt à vingt-cinq, compris sur le plus grand
diamètre ou petit cercle qu'embrasse le foyer
visible à cette lentille; en multipliant ces
deux nombres l'un par l'autre, on a cinq
cents; or, un dixième de demi - ligne est
sûrement un vingtième de ligne. Si l'on con-
sulte la physiologie de Haller, vol. II, p. 55,

G 3

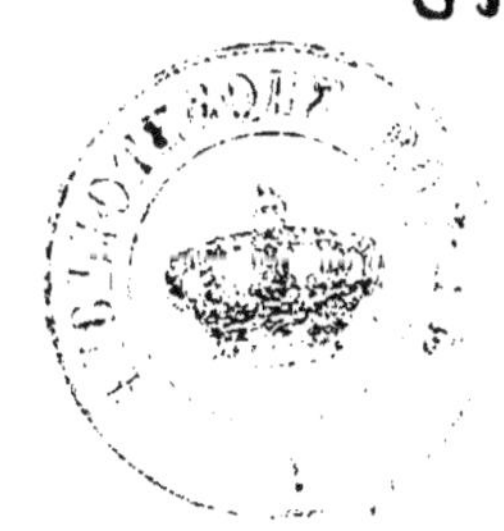

et celle de Blumenbach, p. 11-13, §. 12
et 14, on verra que cette mesure est moyenne,
proportionnelle entre les dimensions données
aux globules du sang, par une foule de savans physiciens qui les ont examinés.

Lorsque le sang est chaud, sortant des
vaisseaux, les globules se touchent souvent;
mais en refroidissant, ils s'isolent, laissant
entre eux des intervalles qu'on ne peut mé-
connaître, mais qu'il est difficile de bien
apprécier. Je croirais pouvoir estimer ces intervalles à un quart ou un tiers environ de
leur diamètre; ils se resserrent donc sur
eux-mêmes, et diminuent de volume en se
refroidissant.

Si l'on fait couler une goutelette de sang
chaud sur une goutelette de lait chaud, sortant du sein d'une nourrice, et reçu dans
des verres tenus dans l'eau chaude auparavant, un phénomène curieux a lieu. Les
globules du sang, plus lourds, chassent les
globules de lait, à-peu-près comme des grains
de plomb, plongeant dans un verre d'eau,
chasseraient des pois, au moindre mouvement. Il se fait un mouvement scintillant et

très-vif. Les globules du lait, un peu plus petits que les globules du sang, ont une couleur argentine ou de mercure. Ils cèdent, en roulant probablement, tandis que le reflet de la lumière, changeant de direction, leur donne un mouvement en tout sens qui n'est qu'apparent. Ce petit combat n'a lieu que peu d'instans, mais il est très-curieux, très-amusant, et bien fait pour nous tenir en garde contre les illusions microscopiques.

Les goutelettes de sang, desséchées sur verre, forment bientôt un reseau curieux, par des lignes noires, inégales, mal tracées, qui divisent le petit gâteau en compartimens quarrés, pentagones ou irréguliers, mais toujours par lignes droites comme une espèce de quarrelage, de parquet ou de mosaïque. Ces lignes noires avaient été apperçues par Bonani, vers la fin du dix-septième siècle, mais il les a dessinées sans en parler (1); je ne sache pas que d'autres observateurs en aient fait mention. Ces lignes ou reseau m'ont

____

(1) Observationes circa viventia Romæ 4.° 1691, p. 92, 93, fig. 116.

G 4

embarrassé pendant long-tems ; elles sont
d'autant plus nombreuses, plus prononcées
et plus promptes à se former, que le sujet
est plus robuste et plus vigoureux. Le sang
des enfans en donne peu, celui du dinde
encore moins : je crus d'abord que ces lignes
noires seraient la fibrine naissante ; leur couleur s'y opposait ; d'ailleurs , je me trompais ,
car ce sont des gerçures qui ont lieu , à-peu-
près en mignature , comme dans une terre
forte , argileuse , des gerçures analogues ont
lieu en grand , ainsi que dans beaucoup de
pierres argileuses , peut-être même pour la
formation des basaltes , par la retraite des
terres et pierres de cette nature. Le sang ainsi
que l'argile contient du fer : ces deux substances auraient-elles encore d'autres rapports?
Leur cohésion, leur ténacité , leur retraite
par l'évaporation sont remarquables ; peut-
être qu'ils offriront d'autres rapprochemens
par la suite.

Lorsqu'on laisse les goutelettes de sang
ainsi desséchées pendant plusieurs jours ,
plusieurs mois même, il conserve sa couleur vive ; le milieu des polygones paraît

s'enfoncer un peu, comme des carreaux de brique dont on aurait refoulé les bords. Les fentes noires alors s'écartent, on voit le jour à travers plus ou moins; en inclinant le miroir du microscope qui est en dessous, on voit tour-à-tour disparaître et reparaître ces lignes noires à côté d'une ligne bleue ou blanche qui les sépare, et l'on est alors convaincu que ces lignes noires ne sont que l'effet de l'ombre projettée par l'épaisseur des bords du petit gâteau de sang.

Si l'on délaye avec l'eau le sang desséché depuis plusieurs jours, il reparaît des globules, tels qu'ils étaient, mais plus obscurs et en petite quantité.

Les globules isolés, hors des vaisseaux, sont pâles, jaunâtres, jamais rouges, pas plus au micr. simple ni à la loupe, qu'au micr. composé; réunis, rapprochés trois ou plusieurs ensemble, ils sont rouges; déjà, lorsqu'ils sont deux à deux, il paraît un commencement de couleur rouge-aurore.

Sang de volatiles et des amphybies.

Après avoir examiné le sang humain, il

convenait de le comparer au sang des animaux. Notre sang, quant aux globules, diffère peu de celui des animaux quadrupèdes, du bœuf, du cochon, etc.; mais les globules des ovipares et des reptiles, qui se ressemblent, sont constamment différens des nôtres par leur forme et par leur volume.

Les globules du sang de la grenouille et ceux du tetard sont au moins deux fois plus grands que ceux du sang humain; ils sont elliptiques et applatis; ce sont des lentilles elliptiques. Ceux de la grenouille verte, *rana temporaria* L. ont la même forme, mais ils sont un peu moins volumineux et plus colorés.

Pour bien voir la circulation de la grenouille, il faut avoir des tetards, les placer l'un après l'autre avec peu d'eau, dans un verre de montre. Lorsque le petit animal s'affaiblit, il reste tranquille, cesse de remuer, s'agiter; on voit alors son sang aller et venir sur les parties latérales de la queue; on n'observe pas la différence de couleur, de vitesse ni de volume entre le sang artériel et veineux, si ce n'est que l'un va, et l'autre revient des extrémités. Ces deux genres de vaisseaux sont une continuation sans intermédiaire ; et le sang passe sans obstacle des uns dans les autres ; quelquesfois il rétrograde lorsque l'animal s'affaiblit , ensuite il reprend son cours ou demeure stationnaire.

Sur la peau tendue qui sépare les doigts de la grenouille adulte , les doigts écartés préalablement avec des crochets ou des épingles, au moyen d'un plateau de liege percé et placé sur le porte-objet du microscope , on voit mieux encore, et pendant plus longtems, la circulation.

La peau de cet animal , quoique tigrée et mouchetée , est assez mince pour voir à travers les vaisseaux et les globules. Ceux-ci flottent comme des bûches de bois sur une rivière (expression vraie de Spallanzani), sans rouler ni tournoyer sur eux-mêmes ; leur forme ovale et un peu applatie permet d'observer leurs trois diamètres ; dans les gros vaisseaux, ils passent en foule, vont par bandes confuses, dix, quinze, vingt à-la-fois, aussi vîte vers les bords que vers l'axe ou le centre du vaisseau. Dans les plus petits vais-

seaux, ils vont quelquefois un à un, deux
à deux; quelquesfois aussi, leur plus grand
diamètre se met dans la direction du vaisseau, mais je n'ai pu, comme Spallanzani,
les voir s'allonger, se courber ni se défi-
gurer, pour s'accomoder aux détroits des vaisseaux. Un phénomène curieux a lieu au con-
fluent de deux vaisseaux réunis. En cet endroit, les globules se pressent, accélèrent
leur mouvement et se rapprochent pour obéir
au torrent de la lymphe qui les entraîne; ils
dirigent leur plus grand diamètre comme le
cours du sang, mais ils se touchent bien
rarement, et presque jamais.

Qu'on me permette ici une réflexion! il
ne faut jamais perdre de vue, qu'autant le
microscope augmente et multiplie les diamètres des objets, autant il multiplie leurs intervales et leur vîtesse. Le torrent de la circulation paraît rapide, mais ce mouvement
est augmenté trois ou quatre cents fois par
le micr., et il serait à nos yeux imperceptible, s'il pouvait le suivre et l'appercevoir
tel qu'il est sans augmentation. Il en est de
même de la position des objets, de la direc-

tion du sang et des autres mouvemens; ce qui paraît à gauche, ou y marcher, va à droite; ce qui paraît se porter vers nous, va au contraire en avant; en un mot, le micr. composé renverse et transpose en tous sens les objets : les glaces dans lesquelles nous nous voyons ne font que les transposer de droite à gauche, elles ne les renversent pas, et ne peuvent nous rappeller les effets opérés par le microscope. Il y a, en optique, une foule d'autres illusions contre lesquelles il faut se prémunir par l'étude et par l'exercice, en physique comme en morale, il est nécessaire d'aller toujours au devant des erreurs et des préjugés.

Le sang de dinde, celui de poule et de poulet, vus au microscope, présentent des globules plus grands que celui des autres animaux à sang chaud. Comme celui des reptiles, le sang de la volaille offre des globules applatis et allongés ; ils m'ont paru seulement un peu moins grands. Le cruor du sang de dinde desseché ne se gerce pas autant que celui du sang humain ; lavé et macéré,

il présente une fibrine moins copieuse , moins
dense et moins forte aussi.

Les globules circulant dans les vaisseaux
de la grenouille paraissent avoir un diamètre
triple de ceux du sang humain ; hors des vaisseaux, leur diamètre paraît double seulement ; cette diminution est très-sensible par
le refroidissement. Tandis qu'il a fallu, relativement à leur petitesse, un tems considérable et beaucoup d'attention pour appercevoir
la diminution des globules de sang humain
par le refroidissement. La diminution plus
apparente des globules de la grenouille ,
tient sans doute à leur plus grand volume ;
peut-être aussi aux parois des vaisseaux. Car
si l'on retourne le porte-objet dessus dessous ,
la convexité de la goutte d'eau qui couvre
le sang, en rend les globules plus sensibles
et plus apparens. Par ce renversement, ils
sont plus apparens à la lumière aussi, qu'avec
le jour. Il est probable que les parois des
tubes minces de verre, à travers lesquels
Lewenoeck observait le sang , en augmen-
taient les globules; il reste à expliquer ce
qui a pu tromper l'attention de ce grand

observateur, lorsqu'il a cru voir qu'un globule était composé de six autres globules plus petits.

Il paraît souvent des bulles d'air dans le sang humain, comme dans celui des animaux; elles sont parfaitement sphériques, inégales, immobiles, ayant une aréole ou cercle circonscrit. Celui qui sera curieux de s'édifier et se mettre en garde contre l'illusion que ces bulles d'air peuvent présenter, n'a qu'à mettre sous le microscope la matière des crachats; ils sont farcis de ces bulles. Il paraît que plusieurs observateurs les ont confondues avec des globules du sang, même Fontana, peut-être (Pois. de la vipère, vol. II, pl. V, fig. xiij).

Avec un peu d'expérience et d'attention, il est aisé de se défendre de cette erreur. J'ignore l'origine de ces bulles d'air dans le sang ; elles sont amalgamées avec la mucosité bronchique dans les poulmons, par la respiration; Spallanzani en a vu dans les vaisseaux. Je présume plutôt qu'elles sont dues à la porosité, aux inégalités du verre, ainsi que les bulles qui s'accumulent en très-grand nom-

bre entre le mercure et le tube des baro-
mètres , qu'on purge d'air par le feu ; cependant , je ne l'affirmerai pas pour toutes.

Le sang nage dans la lymphe ou le serum
l'albumine, au point que celui des enfans
offre la moitié moins de globules que le sang
des adultes. Plusieurs observateurs ont prétendu que cette lymphe était aussi composée
de globules , mais plus petits ; voici ce que
j'ai pu observer. Après plusieurs tentatives inutiles, j'ai enfin apperçu ces prétendus globules , mais toujours quelque tems après, et
jamais au moment ou le sang chaud sort
des vaisseaux. Il m'a paru, en un mot, que
ces globules lymphatiques devaient être un
commencement de coagulation, car l'eau les
délaye, les fait disparaître ; la rosée paraît
aussi par goutelettes , ainsi que l'humeur de
la transpiration, reçue sur une glace.

Les prétendus globules du pus sont peut-
être de même nature, du moins je n'ai pu
les voir différens, malgré plusieurs examens
toujours désagreables que j'ai faits de ces
matières.

Des parties graisseuses, huileuses, surnagent

gent très-souvent sur le sang ainsi que sur les autres humeurs ; mais elles sont aisées à distinguer. Les huiles et les graisses sont grisâtres, lenticulaires, par gouttelettes inégales, flottantes sur la surface du liquide, tandis que les globules du sang, les sels, les mollécules terreuses, les bulles d'air, les parties extractives, etc., vont à fond. Celui qui voudra en avoir une idée précise, n'aura qu'à mettre un peu de jaune d'œuf sur le porte-objet du microscope ; il verra surnager l'huile qui s'y trouve, et les globules assez nombreux au fond du jaune d'œuf.

Les globules du sang humain et ceux des animaux sont des corps solides qui plongent au fond de l'eau ; je ne doute pas qu'ils ne soient plus gros, plus volumineux dans les vaisseaux ; lorsqu'ils sont raréfiés par la chaleur ; mais ils ne présentent ni cercle ni noyau solide, ni sacs, ni cellules, comme Hewson-Fontana, le père Latorre et autres, ont prétendu.

Les globules étant desséchés, j'ai apperçu quelquefois un petit creux ou enfoncement au milieu du globule ; mais le plus souvent,

H

ils restent ronds ou lenticulaires. Les globules de dinde et ceux des grenouilles, au contraire, un peu alongés, portent souvent deux points enfoncés ou une dépression triangulaire, assez ressemblante à la cicatrice qui succède à la piqûre des sangsues. Les globules de la grenouille verte, également ovales, mais plus rouges, plus foncés en couleur, en se desséchant, au lieu d'un enfoncement, m'ont paru présenter un centre ovale et prominent en dessus; délayés dans l'eau, lorsque l'eau s'évapore et disparaît, ces derniers vont se ranger vers les bords, en avançant suivant la direction de leur grand axe, mais sans se toucher; tous ces mouvemens sont lents, indépendants les uns des autres; je présume que ces mouvemens sont dus à l'eau qui, comme la lumière, lors de la formation des caustiques, laisse toujours une ligne plus épaisse et plus marquée sur les bords que vers le milieu du disque lenticulaire ou de la goutte d'eau.

La Fibrine.

L'examen que j'ai fait des globules du sang

humain et de celui de divers animaux, avait moins pour objet ces globules mêmes, déjà constatés par la très-grande majorité des observateurs, que leur véritable figure, leur passage et leur métamorphose en fibrine. J'ai osé aborder cette question intéressante et peutêtre intacte de la physiologie.

On a par-tout supposé, plutôt que démontré, des organes secrétoires, analogues aux diverses parties, aux différentes humeurs des animaux; mais on n'a pas été plus loin. L'immortel Bichat, fidele à son maître, le sage Pinel, a suivi l'observation au-delà des connaissances acquises jusqu'à lui. Il réunissait un esprit d'analyse, un génie observateur, à des connaissances profondes d'anatomie, de physiologie, de Pathologie chirurgicale et médicale. A trente ans, le grand art d'observer, mais de soumettre son génie, au plan de la nature, comme Hippocrate, ne lui était pas étranger. Mais Bichat, mort trop jeune malheureusement, n'avait pu s'adonner aux observations microscopiques; il avait même, lorsqu'il fit le traité des membranes, une répugnance marquée, et peut-être des préventions contre ce genre de travail. Deux années d'intervalle, pour arriver au traité d'anatomie générale, ressemblent aux progrès d'un demi-siècle, par la maturité de ce dernier ouvrage. En mêlant ici mes regrets à ceux de tous les médecins qui savent l'apprécier, j'invite ses nombreux et savans élèves à remplir le vuide que sa perte a laissé à ses successeurs.

Une goutelette de sang, jettée sur une goutte d'acide sulphurique, noircit et donne lieu à une foule de bulles d'air, à l'instant; affaibli avec deux ou trois gouttes d'eau, le caillot surnage et ressemble à la fibrine, excepté par sa couleur, qui est ici brun-noirâtre : au lieu de globules, on ne voit plus qu'une masse poreuse, légère, dont les grains ou mailles du réseau ressemblent cependant, quant au volume, aux globules du sang.

L'esprit de nitre, eau forte du commerce, rend le sang jaunâtre ou blanchâtre, mais ne détruit pas les globules; en y ajoutant de l'eau, les globules se détachent, deviennent roulans, suivent la pente du verre, ils paraissent creux, légers et flottans.

L'acide muriatique rend le caillot plus roussâtre, mais il ne détruit pas non plus les globules, car l'eau ajoutée les rend mobiles et coulans.

L'alkool camphré relève , rend plus vive la couleur du sang ; c'est la seule liqueur, parmi les tentatives que j'ai faites , qui m'ait donné une apparence de la formation, sous mes yeux, de la fibrine. Mais avant d'exposer la manière dont le sang chaud et coulant se comporte avec l'esprit de vin camphré, il convient de faire connaître quelques mouvemens bien singuliers, auxquels le camphre, dissous dans l'esprit de vin, donne lieu lorsqu'ils sont exposés à l'air.

L'alkool camphré , dans des bouteilles ou dans des tubes de verre fermés, présente au microscope une liqueur claire, tirant sur le jaune, dans laquelle flottent quelques globules sphériques très-lisses, très-limpides , souvent un peu ovoïdes , qui ont depuis un centième jusqu'à un cinquantième de ligne de diamètre. On apperçoit çà et là des flocons plus fins, plus obscurs, qui peut-être ont échappé au filtre.

Une goutte d'alkool camphré, exposée à l'air, offre un spectacle d'un autre genre. Les globules lisses, sphériques ou spheroïdes, dont j'ai parlé ci-dessus, deviennent plus nombreux. Ils s'agitent de droite à gauche, non par un mouvement de projection, mais en roulant sur eux-mêmes, sans aborder la surface ni le fond de la liqueur; on croirait voir les volvox de Muller ! ces globules sont peut-être une huile liquide, essentielle et volatille du camphre? Outre ces globules ronds et lisses, des flocons blancs, inégaux, nombreux, irréguliers, assez approchans par la forme et par la couleur, des petits flocons de la neige qui tombe, voltigent, s'évitent, se rencontrent, se raccrochent et finissent par former un reseau argentin, une espèce de dentelle à la surface de la goutte d'eau mêlée à l'alkool. Bientôt après, les fils ou la trame de cette dentelle apparente deviennent convexes et grenus, mieux espacés, plus ronds et plus solides. Cette dentelle apparente n'est qu'une cristallisation imparfaite, car quelques heures après elle a disparu, et l'eau ne contient plus alors que des flocons obscurs, cendrés, qui plongent ou flottent et ne surnagent pas. Toutes ces mollécules ont à peine 0,00001 (un deux centièmes) de ligne de diamètre ; ce sont peut-être les mollécules intégrantes ou sécondaires des cristaux du camphre.

J'ai mis des gouttes de sang dans l'esprit de vin camphré, après m'être instruit préalablement des phénomènes du camphre, dans l'alkool, exposés à l'air, et mêlés à l'eau dont j'ai parlé. J'ai cru entrevoir le moment où j'avais surpris à la nature, l'instant de la formation de la fibrine ; voici mon observation.

Les mollécules floconeuses du camphre, en se raccrochant, en se rencontrant pendant leurs courses qui ont lieu en tous sens, grossissent et finissent par se traîner au lieu de courir. Que le lecteur daigne se rappeler que mon grossissement moyen est une lentille de six lignes de foyer, qui grossit cent fois les diamètres, et tantôt une de quatre lignes de foyer, qui grossit cent quarante fois les diamètres, et il appréciera la lenteur surprenante d'un mouvement qui s'éteint et devient imperceptible à ces grossissemens. Tel est le moment où les mollécules du camphre, embarrassées par leur réunion, rencontrent la fibrine qu'elles entraînent comme des bandes déchirées de parchemin, plongeant et flottant dans l'eau. Si ce phénomène n'a pas résolu la question, il a été pour moi d'un grand encouragement pour faire de nouvelles tentatives à l'avenir.

J'ai mis alors sur un verre de montre le plus net possible, une goutte d'eau chaude ; j'y ai ajouté une goutte de mon sang ; j'en ai à volonté, en me piquant l'extrémité du doigt avec une épingle (une aiguille fait un peu mal, je ne sais pourquoi ; l'épingle jaune n'en fait presque pas) (1). J'ai délayé et agité

---

(1) Cette expérience me rappelle une demoiselle de St.-Marcellin qui, ayant avalé des centaines d'épingles, pendant une fièvre avec délire, les rendit deux années après, entre l'index et le pouce, sur différens points du bas-ventre, etc., mais toujours du côté gauche ; elle disait au cit. Boissieu son médecin, et à moi, voilà dans mon bras une épingle, voici près du poignet une aiguille, car elles me font bien souffrir ; elle ne se trompait pas : les aiguilles sortaient un peu oxidées comme bronsées, et souvent entraînaient avec elles des petites portions de chair. Les épingles an

un côté de ce mélange et non l'autre ; après quelques instans, le bord agité commençant à sécher, j'ai ajouté de nouvelle eau, pour voir si des fibrilles apparentes ne seraient pas des globules réunies ; j'ai eu beau les agiter dans l'eau, elles se sont soutenues. Les unes se composaient d'un seul rang de globules, bout à bout, comme des grains de chapelet ; d'autres en avaient deux, même trois rangs, mais pas davantage ; alors j'ai dit comme Archimède, je l'ai trouvé. Il reste à constater, à vérifier, à répéter mon observation. L'autre côté de la goutte de sang mêlée à l'eau, est restée intacte pour me servir d'objet de comparaison. Ceux qui n'ont pas eu l'occasion ni la curiosité de voir le sang se figer sur un verre, pourront se la procurer aisément. J'en ai dit quelques mots au commencement de ce mémoire, en par-

---

contraire étaient nettes, entourées de sérosités purulentes, jamais rouillées ni adhérentes ; ce fait, tout extraordinaire qu'il paraît, a été vu par moi, par M. Boissieu, par la famille entière de cette intéressante malade, qui s'est bien portée après avoir eu la peau déchirée en cent endroits, par des incisions.

lant des aréoles ou compartimens que forme la retraite du sang. Je n'ai pas dit, il est vrai, comment le sang se comporte vers les bords plus minces de la goutte desséchée; ce sont des ondulations, des festons par rayons divergens, assez approchans des plus petits *lichen radiosus* et *candidus* Hoffmm., qui sont plaqués, adhérens sur les pierres.

Après avoir tenté inutilement, plusieurs fois, de voir la fibrine se former, la nature m'avait toujours prévenu. La fibrine se forme et se confond avec le caillot ou le cruor.

La gelatine cependant surnage le plus souvent, tandis que la partie colorante plonge au fond de l'eau. Il a donc fallu recourir à de nouvelles expériences, pour tâcher de savoir à quoi tient cette différence.

Si l'on agite le sang, la fibrine se forme plutôt, et elle surnage; si au contraire, on prend le caillot formé, qu'on le lave, la fibrine alors plonge, après avoir blanchi par les lavages, comme le cruor dont elle constituait la masse principale auparavant.

En examinant au microscope ces deux espèces de fibrine, celle formée en agitant le sang, paraît plus poreuse, plus spongieuse et plus élastique ; elle semble se rapprocher plus du tissu de la peau.

Examinées par petites portions au microscope, leurs bords en sont festonnés comme du chiffon, comme les bords d'un papier mouillé et déchiré.

Après huit jours de macération à froid, on commence à pouvoir détacher quelques fibres de la fibrine, mais inégales, irrégulières ; ce sont plutôt des fragmens d'un feutre lacéré, que des fibres détachées.

La fibrine de sang de dinde résiste jusqu'au sixième jour de macération ; si l'eau est plus souvent changée, renouvellée, la cohésion, l'élasticité de la fibrine, diminuent à proportion.

La fibrine du sang humain, et celle du sang des animaux tels que le chien, le cochon, le veau, l'agneau, le mouton et le bœuf, est plus élastique et plus tenace que celle de la volaille ; elle est plus tenace aussi chez les adultes que chez les jeunes sujets. Le sang de cochon en fournit une bien plus grande quantité, et elle s'accroche, adhère

au bois et même un peu au verre, ce que
ne fait pas la fibrine des autres animaux.

La Fibrine comparée aux Fibres musculaires, tendineuses et aponévrotiques.

La fibrine examinée au microscope, présente une masse spongieuse, parsemée de
globules rouges, assez approchante de la
chair musculaire crue, non lavée. Le lavage,
la macération à l'eau froide, *therm.* 10.°,
diminue la couleur et le nombre des globules, de jour en jour.

La gélatine offusque et recouvre la fibrine,
comme elle cache la chair musculaire et les
rend confuses, empêche de pouvoir discer-
ner les élémens fibreux qui les composent.
Les globules paraissent entourer les fibres
musculaires, les revêtir de leurs couches, en
se mêlant à la gelatine. L'eau les sépare,
délaye, entraîne la gelatine, tandis que les
globules plus pesants se précipitent; ce qui
prouve cette assertion, c'est l'eau moins
trouble d'abord, qui après les premiers lava-

ges , laisse toujours un dépôt nébuleux ou corné , après son entière évaporation.

La fibrine lavée , après huit jours de macération dans plusieurs eaux , et jusqu'à les rendre limpides , nous offre un tissu blanc , spongieux , très-fin, dont les bords frangés , déchirés avec une aiguille , présentent des pointes ou fragmens irréguliers , comme les bords d'un papier déchiré. Ces fragmens sont composés de bulles irrégulières , par pores articulés et alternatifs , et non par des fibres égales , suivies et uniformes. Le quatorzième jour , la fibrine se déchirait sans effort , n'avait plus d'élasticité , néanmoins ses pores , ses fragmens et sa forme n'avaient point changé.

Les muscles examinés au microscope , ne présentent qu'une masse confuse de gelatine et de globules , à travers lesquelles on peut à peine appercevoir les fibres qui les composent. Pour en voir la figure , il faut employer la macération pendant plusieurs jours , ou même l'ébullition. Les fibres musculaires du bœuf paraissent alors bien nettes , rondes , cylindriques , cornées , demi-diaphanes , ayant un cinquantième et même jusques à un quarantième de ligne de diamètre. Les fibres musculaires du veau, du mouton, du poisson, du cochon et de l'homme, sont plus minces, et ont de un centième à un quatre-vingtième de ligne. J'en ai vu qui n'avaient que un deux centièmes de ligne et même moins. Elles ne sont pas toutes égales dans le même muscle, non plus que les cheveux sur la même tête ; les mêmes fils de toile d'araignée sont inégaux aussi. Les brins de soie m'ont paru plus réguliers.

La chair de veau et de mouton, nouvellement cuites, ont leurs fibres musculaires ondulées, dentées, et comme un peu plissées transversalement. Mais l'eau, en diminuant leur force de cohésion, leur élasticité, les rend droites, lisses et unies, cylindriques comme des petits cheveux.

Les fibres tendineuses et aponévrotiques, attenantes aux fibres des muscles sacrolombaires humains, macérées depuis dix - huit jours, m'ont paru la continuation des mêmes fibres. Les fibres musculaires sont plus tendres, plus globuleuses, plus approchantes

du feutre de la fibrine. Les fibres aponévrotiques et tendineuses, au contraire, sont
blanches, parallèles, luisantes, et ne présentent ni pores ni globules dans leurs inters-
tices. Desséchées, ces dernières sont blanches, cornées comme l'albumine; les premières n'acquièrent ni cet éclat ni cette couleur, et après vingt jours (therm. 8.° R.);
elles se déchirent, se décomposent en mollécules oblongues, medullaires, qui n'ont
plus aucune figure déterminée.

CONCLUSION.

D'après les observations et les expériences
que je viens de rapporter, il paraît :

1.° Que les globules sanguins, en se déposant par couches avec la gelatine, forment
la fibrine du sang;

2.° Que les globules ne sauraient pénétrer
dans les fibres musculaires, puisque le diamètre de ces fibres excède seulement une
ou deux fois le diamètre des globules. Quant
à la couleur rouge-vermeille des muscles,
elle est due aux globules; l'eau la leur enlève, et elle est une nouvelle preuve que

les globules ne pénétrent pas dans les fibres ;

3.º Il est très-probable que l'eau, en dissolvant, en décomposant les globules, se décompose elle-même et laisse échapper l'hydrogène, par bulles fétides, huileuses, etc., tandis que l'azote prend sa place et s'identifie avec les fibres organiques des animaux. Je présume que l'air, en agissant sur la surface de notre corps, modifie nos tégumens et se décompose aussi ;

4.º Il est très-probable encore, que le grand phénomène de la respiration, de la sanguification et de l'animalisation, a lieu par le contact du sang des fibres organiques et de l'air athmosphérique, dans notre peau, dans nos muscles comme dans nos poulmons, comme aux extrémités des branchies, des poissons, des tetards, comme dans les organes digestifs et alimentaires des vers, des limaçons, des coquillages, des laplizies, des orties de mer, etc.; voyez Cuvier, annales du mus. d'hist. nat., X.ᵉ cahier, 299 et suiv.

III.ᶜ MÉMOIRE

SUR L'ÉPIDÉMIE DE BEAUREPAIRE,

PRÉSENTÉ

Au Citoyen FOURIER,

PRÉFET DU DÉPARTEMENT DE L'ISÈRE,

LE XXIX VENDÉMIAIRE AN XI.

A MONSIEUR
FOURIER,

PRÉFET DU DÉPARTEMENT DE L'ISÈRE.

Citoyen Préfet,

La commune de Beaurepaire était affligée par une épidémie presque générale ; ses habitans réclamaient des secours et des moyens ; vous leur en avez accordés.

Dépositaire de votre confiance, sous ce double rapport, j'en ai senti le prix, et j'ai fait tous mes efforts pour la mériter.

Je viens vous rendre compte de cette honorable mission, en vous offrant l'hommage de mes travaux et le tribut légitime de cette portion de vos administrés ; je joins ma reconnaissance à la leur ; l'aménité de votre caractère et votre tendre sollicitude pour cimenter les liens qui nous attachent au Gouvernement dont vous êtes l'organe, m'en ont fait un devoir.

Je vous salue respectueusement,

VILLARS, *médecin de l'Hôpital militaire, associé de l'Institut.*

Grenoble, 29 vendémiaire an xj.

MÉMOIRE

*Sur la Fièvre qui a régné à Beaure-
paire, pendant les mois de thermidor,
fructidor an 10, et vendémiaire
an 11.*

Beaurepaire est une commune de deux
mille deux cents (1) habitans ; d'environ
cinq cents familles, à quatre myriamètres et
demi (neuf lieues) environ, nord-ouest, de
Grenoble ; située sur une plaine de demi-
lieue de large (deux kylomètres), et de plus
de six myriamètres de longueur. Cette plaine
est la suite des terres-froides des plaines de
Bièvre et de la Côte-Saint-André ; celle de
la Valoire en est la continuation.

---

(1) En 1720, la population de Beaurepaire n'était que
de 1412 ; en 1786, elle était de 1980 ; en 66 ans, elle
avait donc augmenté de 568 ; et en 17 ans, elle s'est accrue
de 320.

I 3

La plaine de Beaurepaire, inclinée au midi sur une pente douce, est élevée de trente-huit à quarante mètres (cent quatorze à cent vingt toises) au-dessus du niveau de la mer. Elle est abritée au N. O. par des côteaux couverts de blés et de vignes : et au S. E. par d'autres côteaux garnis de bois. Ces côteaux s'élevent de dix à vingt mètres (trente à soixante toises) environ sur la plaine.

A Saint - Barthelemi , deux kylomètres (mille toises) de distance et au nord, sourdent des eaux pures et abondantes , par napes, d'un kylomètre de large , sous le côteau de Pajet. Ces sources abreuvent le pays , font mouvoir quelques édifices, et donnent naissance à des prairies assez considérables, qui s'étendent à deux kylomètres au-dessus et au-dessous de Beaurepaire. Ces prairies ont un kylomètre de large, ce qui forme une surface de plus d'une lieue quarrée en prairies.

Ce sont les fourrages et les pâturages de ces prairies qui entretiennent des bestiaux , fournissent des engrais , animent le pays en vivifiant l'agriculture. Les eaux qui les arrosent, filtrent à travers des cailloux de quartz granitiques, roulés par la mer, lors des bouleversemens du globe, et avant qu'il fût habité par les hommes. Elles sont froides à 9 $^1/_2$.° R. ou 10.° en été, fumantes en hiver, et ne gèlent jamais.

Malgré que leurs sources ne varient pas, ces eaux ont reçu des accroissemens par les ravins et les torrens latéraux, au printems, et lors des pluies abondantes de l'hiver. Ces crues d'eau se sont retirées ensuite par la sécheresse presque continuelle de l'été.

Il règne chaque année plus de fièvres d'automne à Beaurepaire que dans les pays voisins. Pendant l'an 10, elles ont été si multipliées, que les personnes les plus âgées du pays ont assuré ne les avoir pas vues aussi abondantes depuis soixante ans. Il est donc probable qu'une cause particulière et extraordinaire s'est réunie, cette année, aux causes ordinaires de fièvres à-peu-près endemiques, à Beaurepaire.

Après avoir donné cet apperçu topographique de Beaurepaire, nous allons décrire

les symptômes de la maladie, et faire connaître la marche de ses variations. Dans un
article sur les fièvres en général, sur leurs
causes, leurs complications, sur le génie
des espèces fébriles ; nous les examinerons
sous de nouveaux rapports. La théorie et le
raisonnement ne devant partir que des faits,
c'est par l'observation, par les faits pratiques
qu'il convient de commencer.

Invasion de ces Fièvres.

Vers la mi-thermidor an 10, les fièvres
bilieuses de l'été parurent plus abondantes
et plus rebelles.

Vers le 15 fructidor, le Maire de Beaurepaire et le médecin Emery, écrivirent au
Préfet du département, pour l'informer de
l'épidémie, et le prier de leur envoyer des
secours.

Le cit. Fourier prit un arrêté qu'il m'adressa,
avec une lettre d'invitation pour me rendre
à Beaurepaire, agir de concert avec le cit.
Emery, ensuite de lui rendre compte de nos
moyens et de nos succès.

Mon collègue Emery était prêt à succom-
ber de fatigue, je me rendis sur-le-champ
près de lui le 23 fructidor, par un tems
chaud et sec (therm., 20 à 24° R.) Je
parcourus la commune avec lui, et tantôt
avec le cit. Bordas, officier de santé, dis-
tingué de l'armée. Un commun accord, le
même zèle nous animait pour partager la
confiance publique et celle du premier magistrat du département qui m'avait envoyé.

Le 23 fructidor, nous visitâmes cinquante
malades; le lendemain, quatre-vingt; tous
étaient atteints de fièvres bilieuses remittentes,
doubles tierces, la plupart ayant des nausées et des vomissemens. Nous en trouvâmes
beaucoup le soir qui étaient dans la sueur et
dans cet état d'affaissement et d'anxiété qui
annonce des accès subséquens. Aussi le repos
n'eut pas lieu pendant la nuit; comme dans
les fièvres tierces, un peu de sommeil suivait
les redoublemens, mais ne les précédait pas,
du moins que très-rarement. Le matin, les
uns étaient déjà dans le redoublement, les
nausées, la chaleur et l'agitation; d'autres,
foibles, ne pouvant se remuer, attendaient
la fièvre.

La langue rarement brune et sèche, était quelquesfois encroutée d'une teinte bilieuse. Mais chez le plus grand nombre elle était mince, humectée et rassurante pour le médecin.

Le teint pâle ou jaune et bilieux ; les yeux souvent larmoyans , mais fixes lorsqu'il y avait du danger, et sur-tout après les accès ou les redoublemens.

Le pouls était très-vif pendant les redoublemens, cent dix à cent vingt pulsations. Il se soutenait pendant trois , quatre , cinq, jusques à six heures. Les redoublemens et les accès avaient lieu dans la matinée, vers le milieu du jour; quelquesfois vers les trois heures du matin , rarement après trois heures du soir, à moins qu'ils ne fussent doubles dans le même jour ; ce qui était rare. Le pouls revenait à son rythme naturel, après l'accès ou le redoublement vers leur déclin. Quelquesfois la remission n'était pas parfaite , les redoublemens se rapprochaient , et la fièvre paraissait subintrante. Les délayans alors , les évacuans même étaient permis , et le plus souvent nécessaires.

Mais lorsque après l'accès ou le redoublement, au lieu d'un pouls fébrile ou approchant de l'état naturel, les pulsations étaient plus éloignées, plus lentes, et lorsque l'artère paraissait s'éclipser sous le doigt par une médiocre pression; lorsque ayant des sueurs grasses, un teint pâle, les yeux fixes, ouverts, un peu hagards, le malade se trouvait dans une espèce d'abandon et d'indifférence, il fallait se presser de donner deux gros de kina, demi-once même sans hésiter. On observait alors aussi, mais rarement, des soubressaults dans les tendons qui accompagnent l'artère, c'était l'indice d'une fièvre ataxique insidieuse; et il fallait administrer sur-le-champ, le spécifique; le redoublement qui suivait était souvent funeste et toujours dangereux.

Cet état, devenu alarmant, lors sur-tout qu'il nous eut enlevé quelques malades, s'est quelquefois annoncé dès le début de la maladie, après le second ou troisième accès. Ne fût-ce que le premier ou le second jour de la maladie, lorsque nous avions le bonheur de nous y trouver, et que le malade avait assez de force et de bonne volonté pour prendre le kina , il était presque sûr d'éloigner le danger par ce seul moyen ; mais il n'y en avait pas d'autre.

Cet état fâcheux ou plutôt insidieux que nous venons de signaler , fait souvent triompher l'art et l'artiste. Mais il laisse quelquefois des regrets et des torts irréparables à ceux qui , faute d'expérience ou d'occasion pour voir et pour connaître la maladie , ont laissé échapper celle de sauver le malade.

La dissenterie se complicait quelquefois avec ces fièvres ou leur succédait. Elles étaient bilieuses , remittentes ou doubles tierces pour la plupart ; nous l'avons déjà dit. Mais la dissention ne changeait pas leur caractère ni le traitement ; et le kina ne devenait pas moins nécessaire ni moins utile , malgré cette complication. Les bouillons maigres et farineux , les lavemens de même nature , quelques calmans , la thériaque ou le diascordium le soir, après les infusions de rhubarbe ou d'ipecha , faisaient la principale différence.

Je n'ai pas beaucoup insisté sur la différence des fièvres tierces et doubles tierces, et les remittentes. Les frissons étaient à peine sensibles durant cette épidémie. Les accès ou redoublemens n'étaient pas très-réguliers; ils se rapprochaient et se ressemblaient quelquesfois, au point de nous faire croire que c'étaient ou des fièvres continues avec redoublement , ou des fièvres quotidiennes. Mais outre que la quotidienne est très-rare , elle a une autre marche. D'ailleurs ici, le grand nombre de fièvres tierces ou évidemment doubles tierces, reconnues par l'inégalité des accès subséquens , mais sur-tout par les bons effets du kina , et par la nature de l'épidémie déjà connue , ne permettaient pas de s'y méprendre.

Nous avons rencontré d'autres complications encore. Chez les personnes sexagenaires et les vieillards, (ceux-ci sont en très-petit nombre à Beaurepaire), nous avons rencontré des assoupissemens carotiques. Cet état d'affaissement , l'irrégularité des accès, ne nous permettaient pas d'hésiter un moment à donner le kina de suite après le redoublement. L'expérience nous avait déjà appris ce qu'elle nous a confirmé à Beaurepaire, que les vésicatoires n'arrêtent pas la marche d'une fièvre pernicieuse, lors même qu'ils sont déjà en suppuration. Il n'y a que le kina pour sauver le malade. Les médecins doivent donc, sur-tout vers la fin de l'été, en Europe, et tous les jours de l'année dans les pays chauds, bien étudier le caractère de la fièvre qu'ils ont à traiter, et ne pas négliger le kina !

Chez des femmes délicates, chez des nourrisses, chez des gens pauvres, épuisés par l'affreux tableau de la misère, par le manque de soins, et quelquesfois d'alimens, nous avons vu quatre enfans sur des grabats ; d'autres fois le père et la mère dans le même lit, assez mal-propre, servis par deux petites filles de huit à dix ans. La nature, en pareil cas, présente rarement l'heureuse succession, des symptômes qui fait le caractère de la maladie. Dans une épidémie, d'ailleurs, où, l'on a cent cinquante, deux cents malades, à visiter çà et là, tous dispersés, dans de mauvais gîtes, entre des mains peu soigneuses, peu attentives et peu délicates pour tromper les médecins, c'est bien pire encore que la médecine des hôpitaux. Il faut agir cependant, car il ne suffit pas d'avoir obtenu et ranimé la confiance, relevé le courage; il faut les soutenir.

Obligés alors de faire la médecine symptômatique, le régime, les cordiaux, les analeptiques, le vin, les infusions de camomille, de menthe poivrée, le vin de kina, la liqueur d'Hoffman, mais sur-tout quelque part aux secours que le Préfet avait bien voulu accorder pour les pauvres, voilà nos moyens. Quelquesfois la faiblesse, en tout genre, faisait que le palais des malades refusait constamment le kina; plutôt que de les abandonner, nous le faisions administrer en lavemens, par applications sur le bas-ventre, moyens soutenus par des fomentations aromatiques au vin avec les herbes fortes, le calament, *melissa calamintha* L., avec les menthes sauvages, *mentha rotundifolia*; M. *silvestris*, M. *aquatica* L., les saulges, *salvia orvala* L., S. *pratensis*, S. *hortensis* et autres, que nous faisions appliquer sur les jambes, sur les cuisses même.

Chez les enfans, les organes sont plus

près de leur origine et du centre des forces; aussi ces applications produisaient plus d'effet que chez les adultes. La nature, chez les enfans, avait aussi plus de prise sur la cause de la fièvre. Un plus grand nombre en était atteint, je l'avoue, mais sa marche était plus rapide, les redoublemens plus rapprochés, les crises plus efficaces. Mais aussi, combien de difficultés à vaincre pour l'administration des remèdes! Souvent il nous a été impossible de leur faire prendre la moindre dose de kina. Ils prenaient quelques cueillerées de vin amer, tout au plus. Souvent nous étions réduits à donner des lavemens, à leur faire des fomentations et des applications fébrifuges.

Dans les deux faubourgs, presque tous les enfans étaient malades, ou déjà rechûtés deux ou trois fois : car les faubourgs et les pauvres furent les premiers atteints et toujours en plus grand nombre. Dans l'intérieur de Beaurepaire, il n'y avait qu'environ le tiers des enfans de malades ; l'élévation des maisons les aurait-elle mis à l'abri des vents du midi qui frappaient les faubourgs? le pavé

des

des maisons un peu plus aërées, une meilleure nourriture les auraient-ils préservés? à cet âge de six mois à six ans, le régime, les exercices pour eux sont à-peu-près les mêmes dans la ville et les faubourgs. Plusieurs causes à nous inconnues, ont pu réagir et modifier celles qui produisaient la fièvre; le fumier, les immondices, la mal-propreté régnaient par-tout, jusques sous la halle, à l'entrée des maisons. Par-tout les gens de la campagne négligent la propreté, et semblent préférer un peu de fumier, à leur santé. Il est un tems, cependant, vers la fin de l'été, où la vigilance des administrateurs devrait sévir contr'eux à cet égard, et les forcer de veiller à la propreté et à leur propre conservation.

Beaurepaire est un mélange d'un petit nombre d'habitans aisés, et d'un plus grand nombre de familles indigentes, qui élèvent une vache, une chèvre, deux brebis, le long des chemins, et successivement leurs enfans comme ils peuvent. La bonté du sol et les prairies abondantes, y attirent un certain nombre de manœuvres chaque année. La recolte de l'an 10 ayant été très-faible, celle du vin presque nulle, la cherté des denrées et le défaut de travail, ont augmenté et aggravé les maladies.

Une autre complication est celle des vers; tout médecin exercé s'en méfie et prévient leurs ravages ; cependant il arrive souvent que nous en rencontrons que nous n'aurions pas soupçonné. Paisibles dans l'état de santé, les vers s'irritent par la diette, par le défaut de nouveau chile, par l'acreté de la bile, par la chaleur de la fièvre.

Le semen-contra, la mousse de Corse en poudre à un gros, avec trois ou quatre grains de muriate-mercuriel ou mercure doux était notre vermifuge le plus sûr. Des demi doses pour les enfans, des applications, des lavemens avec les mêmes plantes aromatiques, avec l'absinthe, combinée avec le lait, le miel, la mercuriale pour les femmes délicates et pour les enfans; la fleur de soufre avec le miel, le diascordium, les écorces d'orange et de citron, le café même, ont souvent été vermifuges.

Tel est le précis de mon journal pendant

mon premier voyage, du 23 au 28 fructidor.

M. Emery était très en état de traiter cette maladie. Il possède, à juste titre, la confiance de la majeure partie des habitans. Mais il avait besoin d'un autre médecin pour pouvoir soigner un si grand nombre de malades. Il en a eu plus de deux cents à la fois, il en avait à la campagne ; tant de malades dispersés ne sauraient être soignés par un ou deux médecins.

Il n'y a pas de pharmacie à Beaurepaire. Madame Emery pesait, distribuait et préparait elle-même avec sa fille les remèdes prescrits, et cela avec un zèle et une exactitude digne d'éloge. Sous tous les rapports, madame Emery a acquis des droits à notre estime et à la reconnaissance publique.

Deuxième Voyage en vendémiaire an 11.

De nouvelles lettres écrites tant au Préfet par le Maire, qu'à moi par le cit. Emery, nous apprirent que la maladie continuait à Beaurepaire, et que les habitans qui en étaient atteints, exigeaient de nouveaux secours. Je m'y rendis le 12, c'est-à-dire vingt-cinq jours après mon premier voyage.

Je trouvai à mon arrivée un plus grand nombre de malades ; non que la maladie eût fait de nouveaux progrès, mais parce que sa cause n'ayant pas cessé, les convalescens n'ayant pu se rétablir, le nombre se trouvait encore augmenté par quelques nouveaux malades.

De nouvelles fièvres doubles-tierces bilieuses et quelques dissenteries avaient parues. Les approches de l'automne avaient rendu pénibles et retardé les convalescences. Parmi la classe peu fortunée, se trouvaient plus de cinquante malades pâles et atteints de bouffissure. Les rues, mais principalement celles des deux faubourgs, étaient jonchées d'enfans pâles et bouffis, jaunes comme la mort. Sur trente-six maisons du faubourg du midi, il ne se trouvait plus que deux personnes qui n'eussent pas été atteintes de la fièvre ; et elles la prirent peu de jours après mon arrivée dans le pays.

La marche de la maladie était la même ;

des fièvres bilieuses doubles-tierces débutaient
par des vomissemens bilieux très-fréquens,
et très-peu de frissons. Les malades éprou-
vaient très-peu de baillemens et d'altération;
à peine un léger froid aux pieds ou aux reins
se faisait sentir, c'étaient plutôt le mal-aise,
les angoisses, un certain resserrement intérieur qui annonçaient les accès ou les redoublemens. Quelques personnes, cependant,
se sont plaint d'un s'entiment de fraîcheur
importune, que j'ai souvent observé dans les
fièvres tierces d'automne.

Le vomissement durait souvent tout le
jour, s'appaisait pendant la remission, et
revenait moins fort le lendemain, pour reparaître avec plus de violence le troisième
jour. Nous donnions dix, douze à quinze
grains d'ipeca en poudre, au plus grand nombre, lorsque nous étions appelés. Le nombre
des malades était si considérable, que le dé-
couragement faisait quelquefois qu'ils ne
nous faisaient pas appeler, et ce n'était souvent qu'à l'extrémité. C'est ce qui arriva chez
une femme pauvre, d'environ quarante ans;

elle ne parlait plus depuis trois jours , lors
de notre première visite.

Ouverture des cadavres.

Le maire et l'adjoint furent les premiers
à nous proposer de faire l'ouverture de quelques cadavres , pour mieux connaître sur
quels organes la maladie exerçait ses ravages.
Celui de cette femme fut ouvert par le cit.
Bordaz en notre présence.

Il était pâle, sans bouffissure , ni taches,
ni échimoses , vingt-quatre heures après la
mort.

Le bas ventre était pâle, épuisé de sang,
comme si la malade eût péri d'hémorrhagie ,
au point que l'ouverture de ce cadavre ne
tacha pas le linge. La maladie avait duré
neuf jours , mais la malade avait langui auparavant. L'estomac était un peu distendu
par les boissons. Les vaisseaux coronaires
un peu gorgés , et ce viscere un peu phlo-
gosé intérieurement autour du cardia, d'ailleurs très-sain.

Le foie très - sain , la rate aussi, mais
adhérente à l'estomac ; la vésicule verte peu
gorgée de bile ; mais , soit pendant les redoublemens , soit pendant la durée de la

maladie, le duodenum, le pancreas, le co-
lon et le mesocolon dans cet endroit étaient
pénetrés d'une bile jaune safranée. Les gréles
étaient sains; deux vers étaient vers la fin
de l'iléon, et dans cet endroit, près du
cæcum, cinq travers de doigt de l'iléon étaient
pénétrés de part en part de la même teinte
bilieuse que les environs de la vésicule du
fiel.

Les poulmons sains-, ainsi que le cœur,
le pericarde, etc., un épanchement séreux,
jaunâtre et récent dans les deux cavités de
la poitrine, sous les cottes.

Le cerveau; rien de particulier, point
d'épanchement, si ce n'est deux gros de
sang noir extravasé, sous la tente du cervelet,
du côté droit.

Les malades voyant qu'un premier traitement ne les avait pas préservés de rechûte
en se rappelant le désagrément des remèdes,
sur-tout du kina, souvent ne nous faisaient
pas appeler. Il fallut les aller chercher chez
eux; leur rappeler les secours envoyés par
l'administration ; leur dire et leur répéter
souvent, que la cause de cette maladie n'était

pas détruite, qu'elle tenait au climat, aux prairies humides de Beaurepaire. M. Emery que voilà, leur disais-je, ne se garantit de la fièvre, qu'en voyageant sans cesse ; qu'en prenant un verre de décoction de kina tous les matins (1). Ceux qui ont pu suivre nos avis, faire de l'exercice, s'élever souvent sur les côteaux, prendre du kina, éviter les endroits humides, n'ont pas repris la fièvre. Ceux qui ont pu habiter Revel, Jarcieux, Pact, pays élevés, n'ont pas pris la fièvre. Ceux qui y vont demeurer la perdent au bout de huit à dix jours. Les habitans de ces pays sains et élevés, au contraire, qui viennent, soit pour travailler, soit pour demeurer dans votre plaine, y contractent souvent la fièvre, après une ou deux semaines de séjour.

C'est ainsi que, faisant raisonner les malades et leurs plus proches avec nous, nous leur faisions, pour ainsi dire, pressentir

---

(1) Cette sage précaution n'a pu garantir le cit. Emery ni Bordaz, car ils ont été sérieusement malades après mon retour. Je suis persuadé que la fatigue et les mauvaises digestions sont les causes prédisposantes de la plupart des fièvres.

une démonstration dont ils avaient déjà une idée, un apperçu, d'après ce qui se passait autour d'eux. Ce n'est pas le tout d'être envoyé par les autorités, il faut encore prévenir le peuple, car il ne suffit pas de mériter sa confiance, a dit le comte de Rumford, il faut encore l'obtenir.

Nous avons peu employé de tartrite d'antimoine (tartre émetique); les efforts du vomissement spontané étaient si pressans, qu'une bile cystique, épaisse comme des moitiés de jaunes d'œuf, s'échappait souvent par gorgées, et nous avons craint d'augmenter ces efforts. Peut-être avons-nous été timides à cet égard. En tout cas, l'ipeca a toujours suppléé ce remède et rempli l'indication. Bien-loin d'éprouver des superpurgations avec l'ipeca, après un ou deux vomissemens, les efforts se calmaient, et nous avions soin presque toujours de donner deux gros de sel cathartique dans un bouillon aux herbes, après les effets du vomitif: tandis que des malades confiés en d'autres mains, ont éprouvé de violens efforts par l'émétique, efforts qui ont épuisé leur courage pour les remèdes et quelquefois les forces, sans détruire la fièvre.

Mes collègues avaient quelquefois allié la rhubarbe au kina, dans les cas de dissenterie compliquée avec la fièvre. J'ai préféré de donner l'infusion de rhubarbe avec le sel végétal, d'après la méthode et les motifs de Zimmermann, et d'administrer le kina seul à titre de fébrifuge.

Il est inutile d'entrer ici dans d'autres détails sur les remèdes accessoires que nous avons employés indépendamment du régime, tels que l'opium, mais rarement; le camphre et la liqueur d'Hoffmann, la camomille, la menthe poivrée très-fréquemment. La thériaque, le diascordium, l'extrait de genièvre, ses baies dans le vin blanc, etc. l'*énula campana*, le *chamædrys*, la petite centaurée, la chausse-trappe et les autres plantes fébrifuges. Chaque praticien sait tirer parti des circonstances, selon ses mesures, ses usages, ses habitudes et selon ses lumières. Jamais les ressources de la médecine, tirées des plantes, ne furent pour moi plus utiles ni plus consolantes, que lorsque livré à mes faibles

ressources, une épidémie m'était confiée
dans les campagnes.

Le 22 vendémiaire, nous fîmes chez le
cit. Jacolin, maire, le relevé des registres
des morts et des naissances, depuis trois
mois; en voici le résultat.

En messidor et thermidor, naissances, 16.

Adultes morts, ... 14

Enfans au-dessous de quinze ans, . 5

En vendémiaire an 11, jusques au 22,

Il est né, enfans, ... 3

Morts adultes, ... 20

Enfans morts au-dessous de quinze ans, 9

Il résulte de cet apperçu, qu'en trois mois,
qui font le quart de l'année, il est né dix-
neuf enfans,

Tandis qu'il est mort quarante-huit personnes.

Sur une population de 2200 ames, divisés
par 25, mortalité ordinaire dans les grandes
communes, ou plutôt par 30, proportion
plus approchante pour les campagnes, la
mortalité, à Beaurepaire, serait de 21 dans
la première hypothèse, et de 18 dans la
seconde. Le nombre des morts a donc dou-

blé dans la circonstance, par les ravages de la fièvre, et elle a plus que doublé aussi le nombre des naissances, qui est de dix-neuf.

La pâleur, la faiblesse qui menace encore plusieurs convalescens, augmentera probablement le nombre des victimes de cette épidémie, pendant l'automne; mais par une de ces lois immuables de la nature, l'expérience nous a appris que lorsqu'une épidémie a doublé ou augmenté la perte des individus, soit dans un hôpital, soit dans une commune, pendant une des quatre saisons de l'année, il en meurt beaucoup moins les saisons suivantes; de manière que sur l'année entière, au lieu d'avoir doublé le nombre des morts, comme il paraissait d'abord, il arrive que ce nombre n'a été réellement plus fort que d'un dixième environ, sur les années communes, et qu'en moins de dix ans, l'équilibre est rétabli entre les morts et les naissances.

Un tems frais, survenu vers le 18 vendémiaire, par un vent du nord qui a succédé à la pluie, a précipité les cousins, et j'espère avec eux, les miasmes fébriles qui régnaient en même tems à Beaurepaire (1).

Soit que ceux qui pouvaient être atteints de la fièvre l'ont éprouvée, soit que les germes en soient épuisés ou diminués, on voit peu de nouveaux malades présentement.

Il reste quelques convalescences pénibles, quelques rechûtes, que des soins et de nouveaux secours pourront enfin voir terminer. Tel est le résultat pénible, mais consolant, que nous offre dans ce moment la commune de Beaurepaire.

Digression sur les Fièvres.

Les médecins, de tous les tems, se sont beaucoup occupés de la fièvre; ils l'ont regardée comme une maladie essentielle, tandis qu'elle ne peut être que *la réaction vitale des organes, contre une ou plusieurs causes qui les agacent, les oppriment ou les fatiguent.*

Si la fièvre n'est qu'un effort des forces vitales, elle n'est que symptomatique; ce

____

(1) Les cousins et les autres insectes qui abondent dans les marais, jusques en Laponie, sont-ils utiles à la salubrité de l'air? Il ne paraît pas douteux, car ils occupent une place dans l'harmonie de l'univers, où rien n'est inutile!

n'est pas que par ses symptômes, la fièvre ne présente des caractères et des signes évidens des maladies, et ne fasse connaître leurs indications et leurs dangers ; mais si elle n'existe pas par elle-même, ceux qui ont cherché à la définir ont couru après des fantômes et ne nous ont présenté que les rêves de leur imagination. Cela est si vrai, que jamais ils n'ont pu s'accorder entr'eux ! à Beaurepaire, nous avons vu des accès de fièvre en plus ; c'est-à-dire, où le pouls était plus accéléré que dans l'état de santé ; c'était le plus grand nombre. Mais nous en avons vu en moins, sur-tout après les redoublemens, c'est-à-dire des malades dont le pouls était plus lent que dans l'état de santé, et c'étaient les plus dangereuses. Il en était de même de la chaleur, et il paraît que jusqu'ici nous avons méconnu le véritable point de vue d'après lequel nous devions considérer la fièvre ; et que nous méconnaissons encore le moment d'où il faut partir, pour en suivre les progrès, pour en connaître l'invasion, la durée et le danger.

Toutes les fièvres commencent par des

faiblesses, par des courbatures, par des las-
situdes, des douleurs, un ou plusieurs jours
avant leur invasion. Ce sont là les commen-
cemens et non les préludes de la fièvre; il
me paraît que la fièvre n'est autre chose que
des alternatives de faiblesse et de chaleur,
ou d'augmentation de forces par intervalles,
plus ou moins éloignés, de demi-jour, d'un
ou deux ou trois jours; de même que dans
les fièvres continues, l'accès en plus dure
plusieurs jours; de même aussi l'état de faiblesse dure quelquefois trois, quatre, six
jours. Tissot a vu des fièvres quintanes, et
il n'est pas le seul. Mais ce qu'il y a de plus
essentiel à retenir, c'est que toutes les fièvres commencent par faiblesse et non par
l'accès en chaud, ainsi que tous leurs redoublemens ou accès, de manière que la remission ou le froid et l'intervalle des accès, appartiennent en entier au redoublement, à
l'accès qui suit et non à celui qui précède.
Aussi, les malades qui succombent périssent-
ils plutôt durant les attaques de frisson que
pendant les redoublemens ou les accès. C'est
parce que, pendant le frisson, l'ennemi atta-

que, et que pendant la chaleur, c'est la nature qui se défend.

Cette éthiologie explique pourquoi les fièvres sont en raison non du danger ni des causes, mais en raison de la sensibilité et des forces du sujet. Il est des fièvres ephémères et synoques simples, qui sont violentes et tumultueuses, mais sans danger; tandis que les fièvres nerveuses, soporeuses, putrides, ataxiques et calmes, sont si souvent mortelles.

Une autre distinction non moins nécessaire, car elle est peut-être plus utile à l'humanité, c'est celle des fièvres continues et des fièvres intermittentes; elle est plus utile en ce qu'elle influe essentiellement sur le traitement.

Dans les fièvres continues, il faut observer et souvent modérer les généreux efforts de la nature; l'art ici ne doit que la seconder.

Dans les fièvres intermittentes au contraire, dès que leur caractère est bien prononcé, l'art a l'initiative du traitement; elles exigent souvent et impérieusement des secours, et le kina. Peut-on dire alors, comme l'un de nos

plus

plus savans praticiens modernes vient de le publier, qu'une telle médecine *est expectante?* En
tous cas, si nous sommes d'un avis contraire
quant à la dénomination, je m'applaudirai
toujours en marchant sur ses traces, pour la
pratique, et sur-tout pour le traitement
des fièvres.

Une autre distinction bien essentielle
aussi, pour les jeunes praticiens, même
pour tous ceux qui ne s'étant pas occupés
de météorologie, arrivent dans un pays où
une épidémie inconnue se présente : c'est
celle des fièvres rémittentes. Elles ressemblent aux fièvres continues, au premier aspect, tandis qu'elles appartiennent réellement aux fièvres intermittentes, et doivent
être traitées comme telles. Il existe de savans médecins, Voullonne est de ce nombre,
qui présument que la fièvre rémittente est
une complication composée d'une fièvre con-
tinue, plus d'une fièvre intermittente. Mais
rien ne me paraît pouvoir concilier cette réunion; d'ailleurs, en admettant les complications dans les maladies, il répugne d'ad-
mettre deux manières d'agir du principe

vital ; la nature est une dans chaque individu vivant. J'aime mieux croire que les fièvres rémittentes ne sont que des intermittentes prolongées , des subintrantes si l'on veut.

Enfin, une dernière distinction à faire parmi les fièvres , c'est leur division en fièvres automnales et en fièvres vernales. En automne, dans les pays humides , marécageux , dans les bons pays qui sont rarement exempts d'humidité, presque toutes les fièvres continues se rapprochent des intermittentes. Dans les pays secs , élevés, aërés comme au printems, presque par-tout les fièvres quartes , rebelles , et les tierces d'automne , guérissent souvent seules et veulent être traitées par la diète , par le régime délayant et savoneux , par les évacuans même ; en un mot , souvent comme les fièvres continues. En automne , nous avons vu réussir le kina , étant donné dans les hôpitaux , pour les fièvres putrides , même continues ; la fièvre contagieuse de l'an 8 et 9 nous en offrit en ville plusieurs exemples : en 1786 , un régiment venu de Rochefort nous amena à Grenoble près de quatre cents fiévreux ou obstrués, sur lesquels le printems, à Grenoble, développa des maladies aiguës, moyen naturel pour guérir des maladies chroniques. La saison du printems les stimula à un point, que chez plusieurs malades, la rate et le foie obstrués n'ayant pu se dégorger, soit faute de régime, soit parce que ces obstructions étaient invétérées, plusieurs de ces malheureux militaires périrent de phtysie pulmonaire ou d'autres affections de poitrine, au printems.

A Beaurepaire, les fièvres rémittentes d'automne ont pris cette année une telle intensité, que près du tiers des habitans en a été atteint.

Les mêmes fièvres ont régné dans les environs, à la Tour-du-Pin, à Valence, dans la partie basse de la ville, où elles ont même été meurtrières. A Beaurepaire, quoique trop répandue, cette fièvre n'a pas été meurtrière; néanmoins, elle était grave et épidémique. Nous avons vu des ataxiques, des quartes rebelles, des dissenteriques, des subintrantes pernicieuses, etc., chez trois jeunes femmes; nous avons observé jusques à trois redoublemens chaque jour, pendant deux jours de suite. Le second et le troisième redoublemens étaient moins violens que le premier ; c'étaient des femmes délicates. L'une allaitait son enfant âgé de deux mois ; nous leur administrâmes deux gros de kina rouge, à la suite de chaque redoublement ; ce ne fut pas sans peine, car la fièvre les jettait dans un tel état d'abattement, dans des anxiétés, dans des sueurs froides, dans des douleurs præcordiales, qu'elles s'abandonnaient dans leur lit, oubliant tout courage, tout désir de vivre, même ce que les femmes ont de plus cher, la pudeur. Revenues de ce pénible état, elles promettaient de n'oublier ni le régime, ni le kina qui les avait retirées du danger. Ce qui parut étonnant, deux étaient nourrices ; la langue était mince, quoique jaune et limoneuse ; mais le lait ne tarit point ; les nourrissons furent peu malades ; et au bout de trois jours, elles nous tourmentaient pour des alimens, et pouvaient déjà se tenir une heure hors du lit. Ceci, ce me semble, offre la preuve d'un germe fébrile ou cause de fièvre, et local.

Quelques recherches ultérieures sur les causes particuliéres de cette fièvre.

Nous avons jusqu'ici signalé, plutôt que décrit, une fièvre rémittente bilieuse d'été, et une double tierce d'automne. Des causes générales et permanentes, sans doute, au lieu d'une fièvre endémique, en ont fait une fièvre épidémique, c'est-à-dire populaire, plus répandue cette année. D'où peut provenir cette différence ?

Après avoir parcouru attentivement cette vaste et riche prairie au bord de laquelle est placé Beaurepaire, prairie que nous avons trouvée unie comme une table ; sans joncs, ni *carex*, ni *typha*, ni mares, ni anses boueuses, ni eaux superficielles, nous sommes revenus à de nouvelles informations. De longs et utiles canaux d'irrigation, entourent et traversent cette prairie. Les fossés principaux qui servent de décharge et de ruisseaux en hiver, sont réglés par des pieux, qui leur servent de digues. Quelques iris jaunes, le cresson, les deux espèces de Becabunga et la Berle garnissent leurs bords. Les édifices et moulins qui sont à la tête , attenants au bourg, n'ont pour écluses que de petits réservoirs limpides de quarante à soixante mètres quarrés de surface , et deux mètres ou moins de profondeur.

On sait aujourd'hui , à n'en plus douter, que les émanations humides , marécageuses, les eaux boueuses superficielles , sont les foyers des fièvres intermittentes. On ne doute pas non plus, qu'avec le froid, de pareilles émanations n'engendrent le goëtre , le cretinage, le scorbut , tandis que dans les climats chauds , le Piémont , l'Italie , le Senegal, la Guiane , etc., les mêmes foyers humides donnent la fièvre jaune des Antilles , le mal de Siam, des fièvres pestilentielles même.

Placés entre le nord et les climats brûlans et pestiférés des deux Indes , nous éprouvons des maladies intermédiaires aussi , selon notre situation, selon la saison, le climat et l'exposition particulière que nous habitons, entre ces deux extrêmes. Ces levains terribles des fièvres n'ont ni les mêmes causes ni les mêmes effets. Lorsque des émanations animales , putrides , s'y joignent, elles leur don-

nent plus d'essor , étendent leur athmos-
phère terrible, ainsi que la chaleur et une
sécheresse trop soutenues. La pluie, si long-
tems désirée, les a soutenues; les près ,et
les pâturages n'ont pas été lavés , ni les eaux
renouvellées. Des eaux impures ont souvent
été distribuées aux animaux, aux plantes et
aux hommes, avec parcimonie. Tandis que
le travail était plus lourd, les forces étaient
moindres à cause des chaleurs , combien de
causes de maladies *!*

Les prairies de Beaurepaire , à midi, le
soir et le matin, sont blanchies et comme
argentées par une toile d'araignée, malgré
qu'elles sont couvertes d'animaux au pâtu-
rage , car cette prairie tient lieu de parcours ,
mais mal - à - propos , jusques en germinal ,
comme après la coupe des seconds foins. Les
bœufs, chevaux, etc , n'ont pas éprouvé de
maladies. Le mouton se tient sur les côteaux
et non dans la prairie.

J'ai cherché inutilement à voir un individu
parmi ces milliers d'araignées; je n'ai pu les
rencontrer dans la prairie.

Parmi *l'euphorbia palustris* et le *selinum car-*

vifolia L. que j'avais ramassé, pour mon herbier, il s'est trouvé une très-petite araignée que je soupçonne celle qui habite ces près et en si grand nombre (1).

Après ces recherches, je m'adressai à plusieurs personnes, pour avoir des renseignemens sur le passé, et savoir ce qu'elles pensaient de cette maladie; elles me répétèrent ce que d'autres m'avaient dit au commencement, que depuis soixante ans on n'avait pas vu autant de fièvres; que pendant l'hiver et le printems derniers, des pluies abondantes et continuelles avaient accru les eaux, malgré que leurs sources ne varient presque pas; que pendant la longue sécheresse de l'été, il n'a plu que deux fois, un quart-d'heure chaque fois, en messidor et thermi-

---

(1) Cette araignée d'un gris-brun, est velue, d'un milimètre de large et un et demi de longueur; huit pattes, moitié transparentes et moitié tachetées par des banderolles transversales à chaque articulation et vers le milieu de l'article; six yeux .::. sur deux rangs, deux placés supérieurement et quatre en dessous; deux pinces velues, ainsi que les jambes. On pourrait la désigner ainsi : *aranea tota hirsuta oculis sex . : : . minimi fusca pedibus, octo hyalino fasciatis.* Je doute, à cause de sa petitesse, si elle est connue ou si elle serait *A. pubescens Fabricii!*

dor : que pendant la sécheresse , les eaux des prés se sont retirées , et qu'on s'est apperçu plusieurs fois , d'une mauvaise odeur qui venait du midi , du côté de la prairie.

Le Préfet de la Drôme a communiqué au Préfet de l'Isère , et celui-ci à la société de santé de Grenoble , deux mémoires où leurs auteurs affirment qu'à Moras et aux environs , les habitans sont en usage de dériver les eaux de l'Ouron , ruisseau formé par la réunion des eaux de la prairie de Beaurepaire, sur leurs champs ; de les y faire croupir et séjourner pour leur tenir lieu d'engrais. Cette méthode n'a pas lieu à Beaurepaire, si ce n'est en hiver, sur les prés seulement.

Il y a plus d'une lieue ou un demi-myria-mètre de Beaurepaire à Moras. Si le fait est vrai, l'infection, dans un pays frais, aéré, se porterait - elle à cette distance ? Ne se serait-elle pas fait sentir d'autres années, depuis soixante ans ? Mais comment concevoir alors qu'à pareilles distances, elle aurait plutôt agi sur le faubourg, du midi ?

N'est-il pas plus probable que c'est en partie à la saison chaude et séche, et au voisinage de sa vaste prairie humide, que Beaurepaire doit les fièvres qui ont désolé ses habitans en l'an 10 et 11.

La cause de l'épidémie, devenue obscure, et se composant sans doute du concours de plusieurs, il serait impossible de lui opposer un moyen direct et prophylactique pour la combattre.

Cependant, M. de Barrin, ancien conseiller au parlement, retiré à Beaurepaire, en a proposé un qui paraît très-utile. Il nous a fait voir sur la dernière carte, que nous devons à MM. les intendans de Marcheval et la Bove, une route tracée et à laquelle on avait déjà travaillé, qui de la Côte par Beaurepaire et Epinouse, se rendrait directement à Saint-Rambert. Elle serait plus courte que celle de Romans et Vienne, le long de l'Isère et du Rhône, pour arriver aux départemens de l'Ain, du Mont-Blanc et du Léman, etc. Elle éviterait les ponts, les montées et descentes qui avoisinent ces deux grandes rivières. Enfin, elle traverserait la Valoire, les plaines de Beaurepaire et de la Côte; en rendant les pays plus sains et plus fertiles. Les fourrages et les grains abondans à Beaurepaire et dans la Valoire, seraient exportés sur les cantons voisins.

Il suffit de rappeler au premier Magistrat de ce département, ce nouveau moyen de communication et de prospérité entre les départemens voisins et celui qui lui est confié, pour qu'il en apprécie les avantages et en favorise l'exécution, en sollicitant du Gouvernement les moyens de l'effectuer.

CONCLUSION.

Je termine ce mémoire, déjà trop étendu pour être présenté à un administrateur éclairé, dont les lumières et la pénétration, autant que la multitude d'affaires dont il est chargé, me font regreter plus de précision.

J'ai exposé succintement la topographie de Beaurepaire; j'ai fait connaître les principaux symptômes d'une épidémie pour laquelle j'ai été mandé.

J'ai exposé avec la même simplicité, les moyens employés par le médecin Emery et moi, pour combattre cette maladie.

Je prie ceux de nos collègues qui auraient

des moyens plus efficaces, de les communiquer. L'art de guérir fait des progrès chaque jour, mais il n'en devient que plus difficile. Ce n'est pas que la médecine hippocratique puisse changer, la nature humaine est une, mais elle se compose de tout ce qui l'entoure (1).

La chimie de nos jours n'a peut-être qu'un pas à faire pour nous rendre sensibles ces émanations gazeuzes des marais, ces combinaisons destructives de l'hydrogène sulphuré et carbonné qui, au lieu de s'elever dans les hautes régions, pour alimenter le feu du ciel, rasent quelquefois la terre et tranchent la vie des hommes à des distances jusqu'ici inconnues. Il n'est pas éloigné le tems où le Gouvernement, les officiers de santé et tous les hommes éclairés n'auront qu'une seule et même direction, celle d'être utiles aux hommes et de les rendre heureux.

---

(1) *Naturam proindè statuendum est , à multis ac omnigenis rebus moveri ac doceri.* Hippocr. præcept. Vanderl. I, 6o.

FIN DE LA TABLE.

De l'Imprimerie de J. **ALLIER.**

ERRATA.

PAGE 12, ligne 10, Le silice, *lisez* La silice.
    21,   20, Corme, *lisez* Corne.
    25,   7, menlières, *lisez* meulières.
    37,   dernière, la platine, *lisez* le platine.
    59,   12, Hunster, *lisez* Hunter.
    101,   9, 0,000222, *lisez* 0,00451.
    140,   16, dissention, *lisez* dissenterie.